地域规划理论与实践丛书

意 象 泉 城

——济南泉城特色标志区规划研究

（第二版）

王新文　姜连忠　等著

U0249148

中国建筑工业出版社

图书在版编目（CIP）数据

意象泉城——济南泉城特色标志区规划研究/王新文，姜
连忠等著．—2版．—北京：中国建筑工业出版社，2012.2
（地域规划理论与实践丛书）
ISBN 978-7-112-13901-9

Ⅰ.①意…　Ⅱ.①王…②姜…　Ⅲ.①城市规划-研究-
济南市　Ⅳ.①TU984.252.1

中国版本图书馆CIP数据核字（2011）第274308号

责任编辑：王莉慧　施佳明
责任校对：姜小莲　陈晶晶

地域规划理论与实践丛书

意 象 泉 城
——济南泉城特色标志区规划研究（第二版）

王新文　姜连忠　等著

*

中国建筑工业出版社出版、发行（北京西郊百万庄）
各地新华书店、建筑书店经销
北 京 嘉 泰 利 德 公 司 制 版
北京方嘉彩色印刷有限责任公司印刷

*

开本：787×1092毫米　1/16　印张：12　字数：276千字
2014年12月第二版　　2014年12月第二次印刷
定价：85.00元
ISBN 978-7-112-13901-9
　　　　　（21943）

地域规划

理论与实践

丛书

吴良镛署

审时度势
因势利导
随地制定
意匠惨
道

二〇〇七年三月廿八日
姜长贵
题於北京寓所

"地域规划理论与实践丛书" 编委会

主编：王新文

编委：姜连忠　吕　杰　牛长春　崔延涛　赵　奕　刘晓虹　冯桂珍
　　　　国　芳　赵　虎　朱昕虹　陈　楠　张婷婷　张中堃　王洪梅
　　　　袁兆华　尉　群　杨继霞　马交国　秦　杨　张　蕾　吕东旭
　　　　刘　巍　宋先松　徐　武　曲玉萍　娄淑娟　吕晓田

跋　涉
（代序）

"让人们有尊严地活着"，"诗意地栖居在大地上"，这是规划人的梦想。为了圆梦，规划人跋涉在追求梦想的山路上……

城市让生活更美好。亚里士多德曾说："人们为了生活来到城市，为了生活得更好留在城市。"三十多年前，国人梦想着自己能生活在城市。今天，超过一半的国人生活在城市中。沧海桑田、世事变迁，这是一个"创造城市、书写历史"的伟大时代。

作为一名规划人，期望能在这历史洪流中腾起一朵思辨与行动的浪花，为这个时代和唱。十年弹指一挥间，我们在理想与现实、道德与责任、理论与实践、历史与未来之间，不断思考规划的价值与理想，不断探索规划的真理和规律，不断追求理论与实践的统一。"跋涉"，或许最真切地表达了共同经历着这场变革的规划人的心路历程。

"漫漫三千里，迢迢远行客。"跋涉虽艰，我们却心怀梦想。

理想与现实

有人慨叹，规划人都是理想主义者。诚然，现代城市规划自诞生之日起，就有与生俱来的理想主义基因。霍华德的"田园城市"、欧文的"协和村"、傅里叶的"法郎吉"，都受到其时空想社会主义等改革思潮的影响，充满了"乌托邦"式的理想主义色彩。霍华德说，"将此提升到至今为止所梦寐以求的、更崇高的理想境界"，道破一代又一代规划人的纯真和烂漫、理想与追求。

其实，规划人远不是空有理想和抱负那么简单。如吴良镛先生在《人居环境科学导论》中所说，规划乃"理想主义与现实主义相结合"，规划者应成为沟通理想与现实的桥梁，不仅可以勾勒出理想的山水城之愿景，更要学会寻觅实现蓝图之途径。这注定不是一条坦途，但我们必须清醒回答的首要问题是：为谁规划？如何规划？

要"为民规划"。坚持"唯民、唯真、唯实"的价值取向，倡导"科学、人文、依法"的核心理念，践行"公开、公平、公正"的基本原则……在跋涉中我们感悟：规划人要有自己的价值观和行为准则，解决好"为谁规划"的问题，既是价值取向，也是现实智慧，它能使规划者最终远离碌碌平庸的工匠角色，成为有良知与正义的社会利益沟通者和平衡者。

要"务实规划"。以实践为标准，再好的规划不能实施都是"空中楼阁"，一切从实际出发，既要努力提升规划的科学性，也要致力于增强规划的实施性。规划人应抱有科学务实的现实态度，懂得分辨哪些是要始终追寻的理想，哪些是必须正视的现实。只有规划能落到地上，规划工作才具备为公众谋取更大利益和话语权的现实意义。

道德与责任

有人戏言，规划是"向权力讲述真理"。的确，在一个方方面面都对规划给予厚望的时代，规划者似乎背负了太多的抱负和责任。伴随这种抱负和责任而来的还有多元化的利益的诉求，规划人小心翼翼地蹒跚在利益的平衡木上，这种格局时刻考问着我们的品性和道德。什么该做、什么不该做、该如何做？回答好这样的问题实属不易，解决好这样的问题更是难上加难，既需要坚守道德与责任，也需要胸纳智慧与勇气。

规划人要有底线思维。不能触碰的是刚性，要敢于向压力说"不"，在规划的"大是大非"上如不能坚持原则，最后损害的是公共利益、城市整体利益、社会长远利益。

在跋涉的历程中，难免会遇到各种各样的困难与挫折。没有韧性与执着，自然无法邂逅"柳暗花明"后的豁然。政治、经济、社会、生态等外部环境在不断变化，诸多的问题和矛盾需要解决，不能指望毕其功于一役，规划人须具有"上下而求索"的品质和操守，"功成不必在我"的胸襟和气度。

规划人要有理性思维。理性地看待规划，理性地看待自己和自己所处的环境，不唯书、不唯上、只唯实，对民众、对法律、对城市心存敬畏，有所为有所不为。既要不遗余力地维护公共利益，也要尊重个体合理诉求，同时更不能被个别利益群体所"绑架"。

规划人要有责任担当。责任与道德相伴而生，是一种职责、一种使命、一种义务，规划人与不同岗位、不同群体的人一样肩负着对社会的责任，这种对市民与城市的承诺决定了必须砥砺前行、攻坚克难。在通往规划人的"理想之城"这条曲折与荆棘之路上义无反顾、奋力向前。

理论与实践

或许有人质疑，规划不过是"墙上挂挂"的"一纸空谈"，对规划人也存"重思辨而轻实施"的成见。但今天的现代城市规划工作，早已渐远了"镜里看花"式的理论倾向，摆脱了闪烁着"阶段性智慧创作火花"的艺术家情结。因为，许多看似经典甚至完美的学说不一定能得到现实利益群体的共鸣，也不一定能解决城市发展中的"疑难杂症"。"学院派"的范儿，只会曲高和寡，而在具体事务上又步履维艰。

规划是一门实践性的综合科学。从规划实施理论到行动规划理论，从规划政治性理论到沟通规划理论，从全球城市体系理论到可持续发展视角下的精明增长、新城市主义、紧凑城市理论，无一不是在城市发展进程中反思、实践、再反思、再实践的知行统一，这一辩证的认识与实践过程循环往复，生生不息。

"真正影响城市规划的是最深刻的政治和经济的变革"。不同的社会制度和政治背景、经济模式、发展阶段以及文化差异，必然造成规划工作范畴、地位和职责上的差异，规划需要鼓励地域性的理论实践与创新，不能墨守成规，也不能"照猫画虎"。对于规划而言，"管用"是硬道理，理论的普适性只有和城市地域化的个性和实践相互校验才有意义。

这个时代是变迁的时代、转型的时代、碰撞的时代。在这样的时代，需要把握规律的理论指导责任，需要远见的规划实践。必须认知前沿理论，把握发展方向，把问题导向作为一切规划探索和创新的出发点。为此，结合对一个世纪以来规划理论发展脉络梳理和济南规划实践的探索，我们尝试提出了"复合规划"的理念构想。所有这些并不是奢望在理论探索上标新立异，而是希望以此寻求源自实践的规划理论，并更好地应用于规划实践，藉此解决发展的现实矛盾和问题。

历史与未来

有人怀念，说"城市是靠记忆而存在"。是的，"今天的城市是从昨天过来的，明天的城市是我们的未来"，城市本身就是一个生命体，它不断新陈代谢，不断吐故纳新，不断结构调整，不断空间优化，自身得以保持旺盛持久的生命力。从原始聚落到村镇、从初始城市到多功能复合城市、从独立的城市到复杂的城市群，螺旋上升的过程中城市发展的规律与脉络清晰可循。规划是历史和未来的接力，既不能违背客观规律，也不能超越特定阶段，否则必将劳民伤财，自酿苦果，给城市发展造成不可逆转的损失。

翻阅中国当代城市史，我们也曾机械地沿用苏联模式，但面对市场经济的冲击，却发现"同心圆"、"摊大饼"式的空间扩张模式是如此一厢情愿和不堪重负。当尼格尔·泰勒、简·雅各布斯的著作为我们开启了一扇了解西方规划理论的窗口，中国规划师和规划管理者学习借鉴的目标不再拘囿于社会体制的限制，转向西方探求"洋为中用"的扬弃之道。实践之后，我们更加强烈意识到任何规划理论都要立足国情和地域，这也许意味着中国的城市规划已经开始走向理性与成熟。

这些年，规划从见物不见人到以人为本，从机械单一到综合复杂，从一元主导到多元融合，从关注"计划"的落实和空间布局艺术到关注全面协调可持续发展，我们切身体会到了什么是"人的城市"。山水城市、广义建筑学、人居环境科学等理论先后出现，意义重大、影响深远，具备了发展具有中国特色、地域特征、时代特点的本土规划理论的基础和条件。在此借用吴良镛先生的箴言，"通古今之变，识事理之常，谋创新之道"以共勉。未来的规划工作应立足地域市情，结合城市发展的阶段性特征，把握规律、顺势而为，潜心思考新形势下规划的地位、作用和功能，把重心放在引领发展、解决问题、化解矛盾、增进和谐上，积极探索具有时代特色、地域特色的规划实践之道。

"衣带渐宽终不悔，为伊消得人憔悴。"规划探索永无止境。愿我们十年来的所为、所思、所悟，能够为大家提供一点借鉴。

作者于济南

2013 年 12 月 1 日

前　言

　　国内城市"特色消失"、"千城一面"的现象日益严重，引起了业内外人士的广泛关注。设计理念、建筑语言、建筑材质、建筑技术的"国际化"，在新区中已经难以塑造"独有"的城市特色。更加关注传统城区的特色保护和文脉延续已形成各方共识。"泉城特色标志区"是济南国家历史文化名城的特色精华所在，近十年来开展了一系列规划研究，进行了深入探索，望藉此有积极借鉴意义和参考价值。

　　本书在回顾"泉城特色标志区"历史变迁和现状分析的基础上，阐述了济南在快速现代化进程中的战略选择，指出标志区深厚的历史文化积淀是提升城市综合竞争力的重要资源，提出"恢复性保护、艺术性更新、创新性改造"的规划理念。通过分析明府城、大明湖、环城公园"一城一湖一环"空间结构，进一步阐发了"整体保护、有机更新"的思路，以及"从整体出发"的保护措施，并就挖掘历史元素的潜力、延续文化记忆等问题进行分析，对重点地段的保护整治规划进行介绍，最后系统阐述了"人城和谐、人水和谐、人文和谐、人居和谐"的总体发展目标。

　　作者以"积极保护"为基本观点，在城市历史街区保护领域进行了有益探索，提出历史街区保护应从消极被动走向积极主动，从单一个体规划走向整体全面规划，从物质空间规划走向社会民生规划等新观点。

目　录

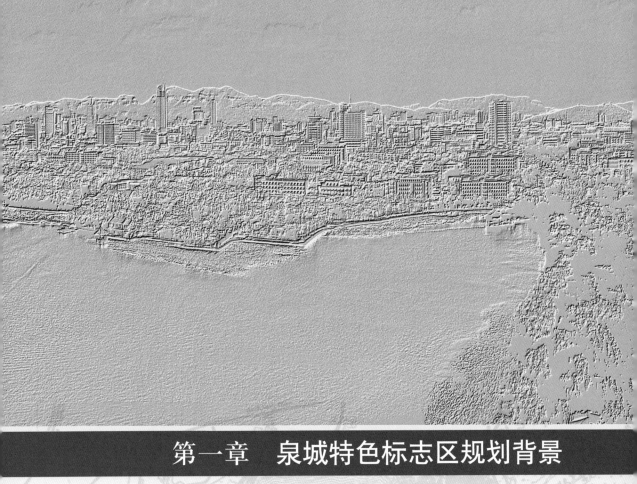

第一章　泉城特色标志区规划背景

　　济南，南依泰山，北跨黄河，以"泉城"蜚声中外，融"山、泉、湖、河、城"为一体，是一座拥有 4600 多年文明史和 2600 多年建城史的文明古城，齐鲁文化荟萃之地，国家历史文化名城。

第一节　古城的历史变迁

　　现在的济南古城是在明府城基础上发展起来的，古城池四周由护城河围合，面积 3.26 平方公里。平面布局以其形状不甚规整、四门不对称为特色，加之有天然的泉水和依山建城的独特地理位置，在中国古代城市发展史上具有重要地位。

　　济南古城，从 2600 年前建城说起，经历了历下古城堡、秦汉历城县城、魏晋南北朝"双子城"、齐州州城 (母子城) 和济南府城的演变过程[①]。历下古城创始莫详，已难考。秦汉时期，由其发展而来的历下城，是一座纵横各约五六百步的方城，城开四门，均居中，东西、南北各有贯穿城区的大街相通，合看成"田"字形[②]。魏晋南北朝时期，在历水以东，修筑东城，与秦汉历城县城隔河相望，为顺应历水走向，并受东南山水冲沟的限制，东城为一长方形，城市整体出现"双子城"的格局。唐元和十五年 (820 年) 改筑齐州，城内保留了秦汉历城县城，称为"子城"，城市形态由原来的"双子城"演变成"母子城"[③]（图 1-1）。

　　宋徽宗以后济南开创府城，但此时还是土城[④]。金代，济南城市建设有较大发展，古城用地扩展到 4 平方公里左右 (今护城河以内)。元破金时，据《史记纪事本末》载："两河山东

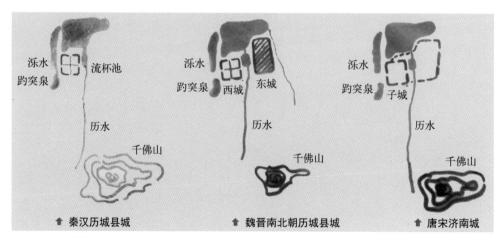

图 1-1　济南古城演变示意图

---

① 李百浩，王西波. 济南近代城市规划历史研究. 城市规划汇刊，2003（2）：50.
② 马正林. 中国城市历史地理. 济南：山东教育出版社，1998：243.
③ 马正林. 中国城市历史地理. 济南：山东教育出版社，1998：250.
④ 石荣昌. 济南房地产资料第一集. 济南：济南市房地产管理局编制办公室，1983：12.

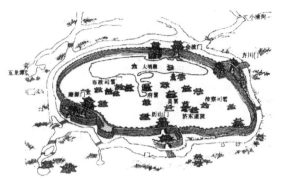

图1-2 明清济南古城图

图1-3 清末济南古城图

数千里，人民杀戮几尽，屋庐焚毁，城郭丘墟"，济南城厢建筑受到严重破坏[1]。明朝，济南古城进入盛期，洪武四年(1371年)，开始以砖石修筑城垣，城周12里48丈，受地形因素制约，城垣略呈方形，城开四门，东、西、南三门皆有瓮城，设重关[2]（图1-2）。至此，济南古城城市形态基本定型。清咸丰年间（1861年），为防捻军，在府城外修筑土圩，同治年间又改筑成石圩，城区轮廓大致呈菱形，城市重新呈现"母子城"形态，府城成为内城[3]（图1-3）。

济南古城自开辟以来，城址从未迁移，其最重要的原因是其位居名山大川的冲要之地。《管子》一书中曾写道："凡立国都，非于大山之下，必于广川之上，高毋近旱而水用足，下毋近水而沟防省"，济南古城的选址（图1-4），则正是巧居

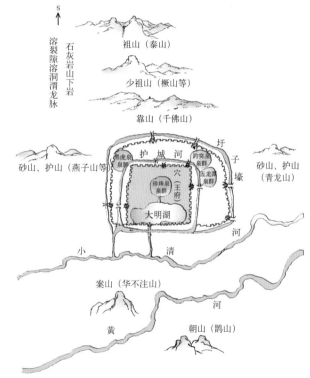

图1-4 崔镇轩手绘古城的选址

① 杨秉德. 中国近代城市与建筑. 北京：中国建筑工业出版社，1993：316.

② 马正林. 中国城市历史地理. 济南：山东教育出版社，1998：278.

③ 马正林. 中国城市历史地理. 济南：山东教育出版社，1998：134.

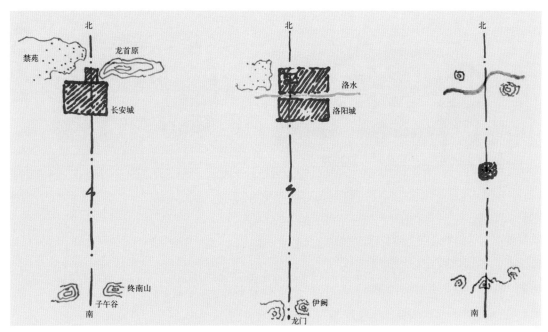

图1-5 张杰手绘长安、洛阳、济南山水城址比较

大山之下，广川之上，两利兼得。正如吴良镛先生所说，济南古城的选址与唐长安、唐洛阳等著名的中国古代传统城市选址布局有着异曲同工之妙（图1-5）。

第二节 济南的空间特色

济南地处鲁中低山丘陵与华北冲积平原的交接地带，地势南高北低，山湖遥遥相望，南部是恢廓苍翠的自然山体，中部名泉荟萃、湖光山色，北部是蜿蜒曲折的黄河以及鹊山、华山等众多平地凸起的山体，形成了山水相依的城市地理形态和独特的城市空间特色，山、泉、湖、河、城有机结合，浑然一体（图1-6～图1-8）。

山——济南的山是泰山山脉的余脉，城里城外，青山绵延，形成了青山入城、城中有山的独特地理环境。南部的座座山峰犹如一扇扇绿色的屏风，秀丽天成（图1-9、图1-10）；"齐烟九点"在济南北部呈一大月牙形，每座山皆立于平川之上，互不相连，成为现代城市难得的城中山（图1-11～图1-13）。

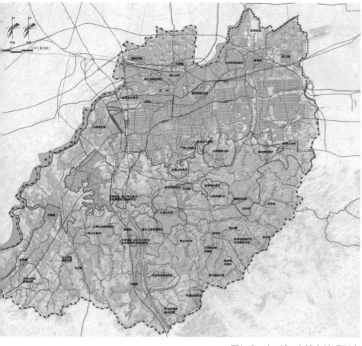

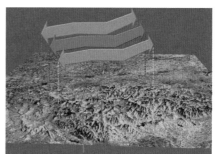

图1-7 山-城-水的三带格局

图1-6 山-城-水城市地理形态

图1-8 山-城-水的城市特色

图1-9 青山连绵

图1-10 千佛山北坡

意象泉城——济南泉城特色标志区规划研究

图1-11 药山　图1-12 华山　　　　　图1-13 鹊山

　　泉——济南素有"泉城"之称。众多清洌甘美的泉水，从城市当中涌出，汇为河流、湖泊。盛水时节，在泉涌密集区，呈现出"家家泉水、户户垂杨"的绮丽风光。早在宋代，文学家曾巩就评价道："齐多甘泉，冠于天下"。元代地理学家于钦亦称赞说："济南山水甲齐鲁，泉甲天下"。济南泉水多如繁星，各具风采（图1-14 ~ 图1-17），或如沸腾的急湍，喷突翻滚；或如倾泻的瀑布，狮吼虎啸；或如串串珍珠，灿烂晶莹；或如古韵悠扬的琴瑟，铿锵有声……使得历代文人为之倾倒。唐、宋、元、明、清各代的名人，如欧阳修、曾巩、苏辙、赵孟頫、王守仁、李攀龙、王士祯、蒲松龄等，都留下了赞泉的诗文。这些泉水，或以形、色、声、姓氏、传说、动植物、乐器、珍宝取名，或无名而名，各具情趣。

　　湖——济南三大名胜之一的大明湖。大明湖湖水来源于城内珍珠泉、濯缨泉等诸泉，有"众泉汇流"之说，水质清洌，天光云影，游鱼可见。"四面荷花三面柳，一城山色半城湖"是大明湖风景的最好写照（图1-18、图1-19）。

图1-14 趵突翻滚　　　　　图1-15 黑虎瀑布

图1-16 串串珍珠

图1-17 灿烂晶莹

图1-18 湖中泛舟

图1-19 天云光影

河——济南的河流水系主要有黄河和小清河，其中黄河为济南市主要客水水源，小清河是济南市主要地表水源。现有河道 67 条，总长约 145 公里（图 1-20、图 1-21）。济南的河湖水系曾在漕运、防洪、输水等方面发挥了重要作用，记录了济南城市发展和变迁的历史。

城——古城北依大明湖，南屏群峰，城内泉池密布，溪流纵横，汇流于大明湖，巧妙地借用了山、泉、湖等自然景观，呈现出"幽幽古巷绕古城，处处清泉伴人家"的绮丽风光和独具特色的泉城风貌，是济南泉水文化的集中承载区。古城具有浓郁的文化氛围，自古就是人居的最佳环境（图 1-22、图 1-23）。

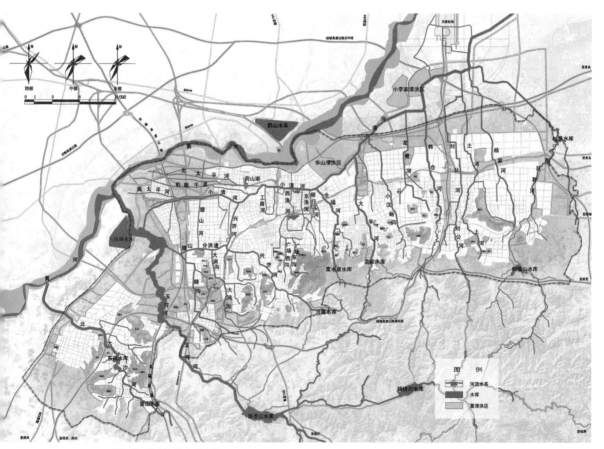

图1-20 济南河流水系分布图

图1-21 小清河纪念碑

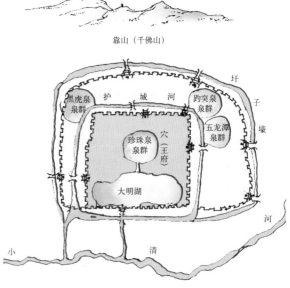

图1-22 崔镇轩手绘古城山水格局

图1-23 幽幽古巷绕古城

第三节　济南历史文化名城保护的规划历程

一、《济南历史文化名城保护规划》

济南是国务院 1986 年正式公布的国家历史文化名城，1988 年首次编制《济南历史文化名城保护规划》，1990 年上报建设部，1994 年建设部和国家文物局以建规 [1994]534 号文正式批复。

《济南历史文化名城保护规划》的指导思想：一是全面、科学地对地下水资源、地表水资源进行调研、分析，结合城市社会经济发展规划对城市供水的需求，系统地提出保泉供水规划，以保泉城特色；二是以济南市域范围的 52 处国家、省、市三个级别的重点文物保护单位为制定保护规划的主要目标，把握历史文脉，对古城做出全面保护规划，对分布在市郊的各文物点、风景区做出重点保护规划；三是制订保护规划，不局限于单个文物古迹的保护，而要从揭示历史文化内涵着手，妥善处理保护与建设的关系，改造古城时要充分注意保护古城的空间艺术处理手法，维持历史的连续性，使之交相辉映、古今和谐、古为今用，给具有现代科学的人们以良好的历史熏陶；四是古城保护规划应为生活在城市中的人们提供舒适、安全、有健全生态的生活环境，为发展旅游事业，进行城市科学研究提供条件（图 1-24）。

《济南历史文化名城保护规划》的核心内容为"一带一片仨街坊，五十二点一个网"。一带——指从千佛山到黄河南北的鹊、华二山这一风景文化带，它集中了山、泉、湖、河、文物古迹等构成的名城人文、自然诸要素，是维系古城形成的生命线；一

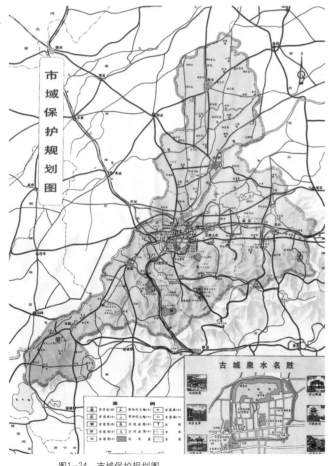

图1-24　市域保护规划图

片——即明府城，它集中体现了济南古城的风貌，是名城保护规划的核心部分；仨街坊——指古城内珍珠泉地区等三处需要重点保护的地段；五十二点——即济南市域范围内当前保存较为完好的 52 处文物古迹；一个网——即包括古城在内的联结整个市域范围内风景名胜区的旅游网络。

（一）市区保护规划

从整个城市总的风貌格局上可以看出：东西是以建筑时代延续为特征的横向变化轴，南北是以自然山、泉、湖、河与城池的纵向有机结合轴，构成城市风貌框架和历史文化发展的脉络。市区历史文化名城保护规划（图 1-25）正是于此揭示其外在和内涵的精华，提出了泉眼出露和流经地段、文物古迹、城市建筑艺术构图空间的保护，提出了 17 处有代表性的近代建筑予以保护。

（二）古城保护规划

规划的总体构思是：保持"四面荷花三面柳，一城山色半城湖"的古城空间构架；保持"青山进城"、"泉水入户"的泉城特色；保持由传统街巷地名构成的古城路网框架；保

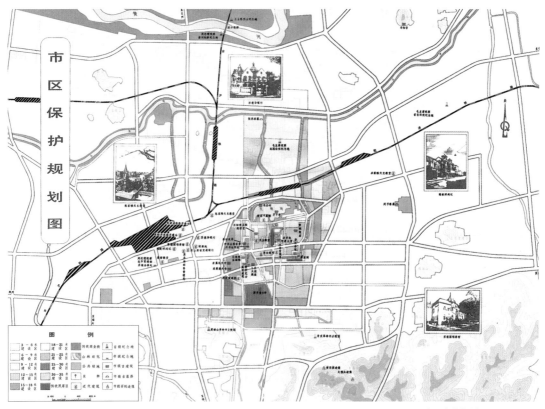

图1-25　市区保护规划图

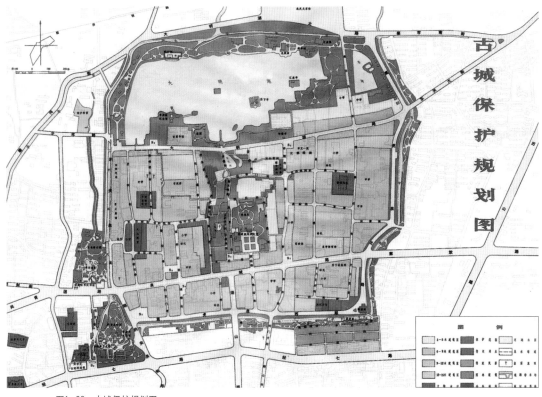

图1-26 古城保护规划图

持古城重点文物古迹的平面格局及其周围的历史空间环境,同时还要满足人们现代生活的各种合理需求。

保护规划(图1-26)的主要内容:一是按照城市总体规划和古城保护的要求,全面调整古城内各类用地;二是保护古城传统骨架,完善基础设施,方便群众生活,改善古城交通;三是按照保持古城特色和风貌的要求,使山、泉、湖、河保持故有的空间构图关系,保证文物古迹在古城中有良好的展示条件,对古城区建筑高度进行严格的控制;四是保护传统街坊。

二、城市总体规划中的历史文化名城保护

在1996版的《济南市城市总体规划(1996年—2010年)》中,对《济南历史文化名城保护规划》进行了深化、完善和调整,编制了济南历史文化名城保护规划专项规划。该规划深化完善了历史文化名城保护内容,提出了从整体上保护历史文化名城的保护重点和保护措施。一是从保持城市特色和保存历史文化遗产出发,点、线、片相结合,加强对文物古迹、历史性街区、传统风貌地区的保护,形成名城保护的完整体系。二是突出从整体宏观环境出发保

护名城，加强地上、地下环境相关因素的保护。三是明确保护重点，使保护对象的保护方法、措施明确，便于操作。对待一些暂时认识不透彻、条件不具备的保护项目，不急于动手修建、整治，先做些规划研究工作，待条件成熟后再付诸实施。四是处理好历史文化名城保护和现代化建设的关系，采取有机更新、综合整治的方法，使新建项目与周围环境相协调，突出和强化城市风貌特色（图1-27、图1-28）。

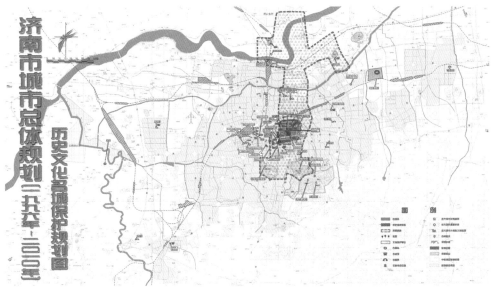

图1-27　96版总规——名城保护规划图

图1-28　96版总规——风貌分析图

图1-29 古城区商埠区保护规划图

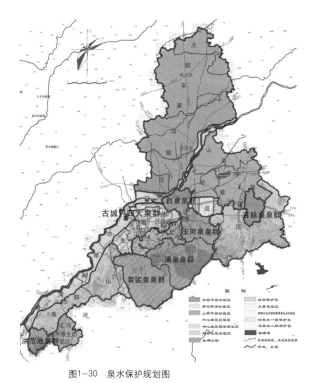

图1-30 泉水保护规划图

2005年济南市进行新一轮城市总体规划修编，在编制完成的《济南市城市总体规划（2010年—2020年）》中，其历史文化名城专项规划对济南历史文化名城保护经验进一步总结和发展，对保护规划进一步延续和深化。该规划确定了名城保护要从继承弘扬优秀历史文化和保护真实的历史文化遗存及其环境出发，妥善处理历史文化名城保护与城市现代化建设的关系，妥善处理居民生活条件改善与名城风貌保护的关系，坚持整体保护、重点保护和积极保护的原则，以古城商埠及其传统文化保护为重点（图1-29），建立"历史文化名城、历史文化街区、文物保护单位"三个层次的保护体系。泉水的保护要坚持保护泉源、泉脉和保护泉眼、泉系并重的原则，妥善处理好泉水保护与旅游发展、城市供水的关系（图1-30）。

三、《泉城特色风貌带规划》

2002年1月22日山东省委省政府召开济南城市建设现场办公会议，审时度势，未雨绸缪，高瞻远瞩地提出了要把握住大的城市发展框架，规划建设城市新区，拓展城市发展空间，改善提升老城区的要求，高屋建瓴地指明了谋划省会济南长远发展的方向和目标。济南市委市政府邀请两院院士、清华大学教授吴良镛先生主持指导，编制了《泉城特色风貌带规划》。从宏观层面上展开，结合城市结构与形态，对历史文化遗存和自然资源进行了有机的发掘梳理，提出了延续光大的战略构思。该规划研究得到全面应用，科学有效地指导了城市建设和管理，对济南市的名城保护具有重大而深远的意义（详见第四节）。

四、名泉保护规划

2005年9月29日，济南市人大常委会根据立法保泉的实践经验，在原《济南市名泉保护管理办法》的基础上，重新制定颁布了《济南市名泉保护条例》，为今后依法保泉，同时也为济南泉水申报世界自然文化遗产奠定了坚实的法制基础。2007年编制完成了《济南市名泉保护总体规划》、《市区四大泉群详细保护规划》，2008年编制完成了《泉城特色区泉水保护细部规划》，确定以泉水为主线，老街、小巷为纽带，打造名泉景观，改善和修复原有水系，串联区域散落泉水、泉池，形成泉水核心区的游览框架。

五、《古城片区控制性规划》

2006年济南全面开展控制性规划编制工作，《济南古城片区控制性规划》所规划的古城片区是全市53个片区之一。古城片区位于泉城历史传统风貌发展延续轴的中心，为历史文化名城核心保护区，并具有行政办公和商业服务的功能。规划遵循区域协调、环境优先、个性塑造、迁居落户、弹性规划等规划理念，确定以古城为核心，保护"山、泉、湖、河、城"古城整体风貌，重现"家家泉水、户户垂杨"和"泉水串流于小巷民居之间"的城市风貌特征，保护文物古迹和特色风貌地段的历史形象，延续历史文脉，彰显泉城特色（图1-31、图1-32）。

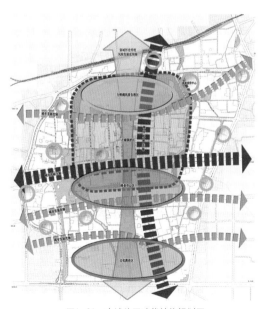

图1-31 古城片区功能结构规划图

图1-32　古城片区鸟瞰图

六、《济南南部山区保护与发展规划》

　　南部山区是济南泉群的直接和间接补给区，具有重要的生态地位，是济南城区天然生态屏障，被誉为"济南的后花园"。"东拓、西进、南控、北跨、中优"是 2003 年编制并经山东省委常委扩大会议确定的济南城市空间发展战略，其中明确了"严格控制城市向南发展，将南部山区作为城市重点生态保护区的'南控'"方针。规划确定南部山区是以水源补给、资源保育、都市农业、旅游休闲为主导功能的重要生态保护区，绿色产业发展区，风景名胜和特色文化旅游区（图 1-33、图 1-34）。坚持"在保护中发展，在发展中保护"，坚持节约、集约利用资源，坚持生态优先、重点保护、区别对待，立足循环经济和生态化建设，在有效保护各类资源、环境的前提下，实现生态与经济社会的全面、协调、可持续发展。

七、《泉城特色标志区规划》

　　泉城特色标志区是泉城特色风貌带的核心区域，是以明清济南府城、大明湖和环城公园为主体，集湖光山色、名泉园林、文物古迹、民俗民居于一体，集中体现泉城风貌特色的标志性区域。为了更好地彰显泉城特色、延续历史文脉、提升形象品质、打造城市品牌，依据《济

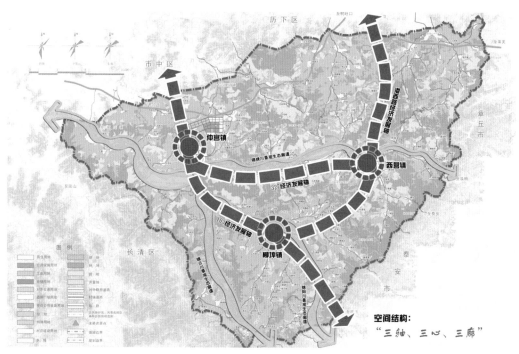

图1-33　南部山区保护规划——空间结构规划图

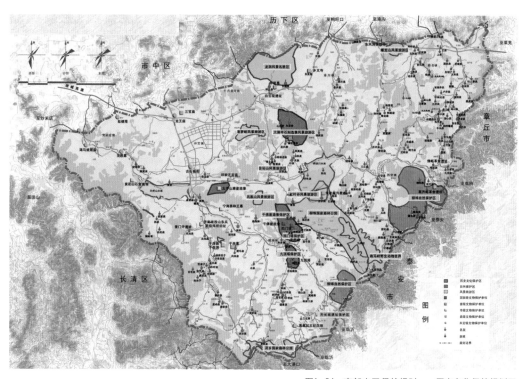

图1-34　南部山区保护规划——历史文化保护规划图

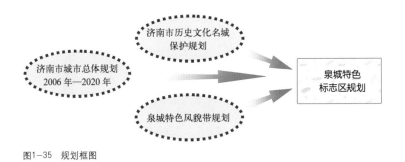

图1-35 规划框图

南市城市总体规划（2011—2020年）》、《济南历史文化名城保护规划》和《泉城特色风貌带规划》，2007年济南市规划局组织编制了《泉城特色标志区规划》，对于发挥规划的先导和引领作用，保护历史文化名城、传承泉城特色风貌、提升泉城形象品质、打造济南城市品牌具有重要的意义（图1-35）。

第四节 泉城特色风貌带规划

《济南历史文化名城保护规划》和历版《济南市城市总体规划》都把泉城特色风貌的保护作为保护重点，保护和构建济南城市风貌的基本特色和总体格局，注重城市中轴线的保护和发展。

济南城市中轴线是指从千佛山、古城、古城北部的大明湖到城北的黄河，呈明确的宏观空间秩序的南北轴线，是展现和延续自然山水城市特征的南北景观风貌轴线（图1-36、图1-37）。这条中轴线融合了济南市独特的自然景观与济南几千年的文化内涵，凝聚了丰富的自然人文要素，形成了体现城市风貌基本特色的风貌带（图1-38）。

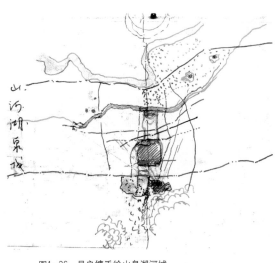

图1-36 吴良镛手绘山泉湖河城

一、规划范围和基本构思

泉城特色风貌带位于城市中心，东至历山路，西至顺河高架路，南至千佛山，北至黄河，南北长约10公里，东西宽约4公里，总用地约27平方公里（图1-39）。

本次规划是从城市总体规划层面展开的

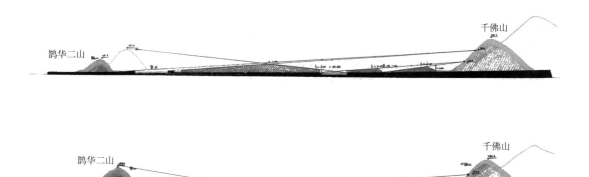

图1-37　山水城址空间关系

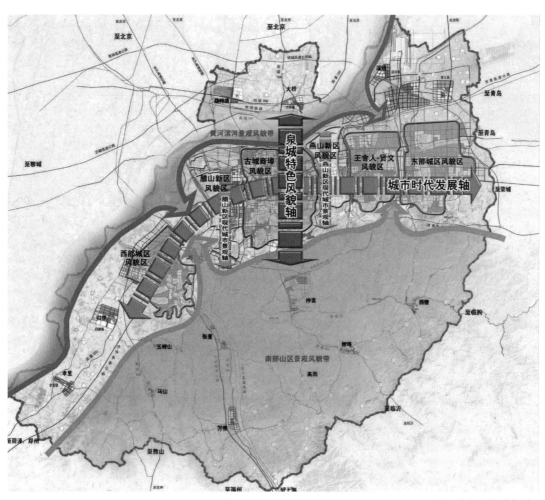

图1-38　城市景观风貌规划图

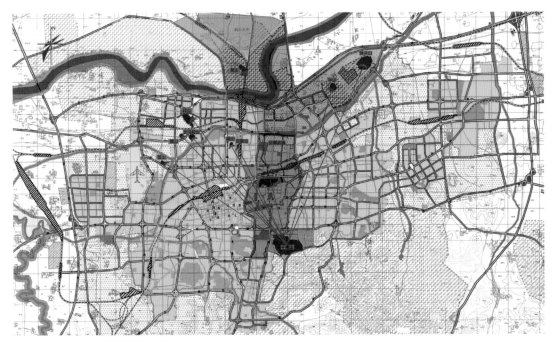

图1-39　泉城特色风貌带区位

保护性控制规划，从宏观、中观和微观三个不同层面进行全面深入的规划研究，以保障风貌特色和城市建设发展的协调进行。

　　1.从宏观层面上结合城市结构和形态，对历史文化遗存和自然资源进行了有机的发掘梳理。对恢复光大城市风貌特色具有战略意义。

　　2.为了保护重要观景点和重要景观视廊的通视和适宜的空间尺度，保持空间和自然环境的和谐，以空间形态规划为依据，结合古城历史街区、历史建筑保护的要求，编制了建筑高度控制规划，科学地指导规划建设。

　　3.对古城的保护提出了继承古城区的传统格局，保护古城轴线、路网、水系。疏解古城区的中心职能，保留古城区商业零售中心职能，增加开敞空间和公共绿地，改善居住环境质量，恢复泉城历史风貌。

　　4.调整和加强风貌带北部城市功能，提升风貌带北部城市中心功能和景观环境，使其空间进一步扩展，布局结构更加完整，可谓独具匠心。

二、空间结构和景观视廊

　　济南古城区基本上位于千佛山、华山、鹊山三者所形成的大三角形平面构图中间，黄河、小清河横亘城区北部，泉水巧妙地穿插在城区中间，大明湖汇集泉水，经东、西泺河流入小清河。基于对历史传统的尊重和借鉴，济南特色风貌带的空间形态可以归纳成"一轴、两湖、三区、四泉、六河、九山"（图1-40）。

"一轴"指从千佛山到黄河形成的一个南北向历史传统风貌发展延续轴；"两湖"指大明湖和北部新开发的北湖；"三区"指千佛山风景名胜区、泉城特色标志区、北湖市民文化区；"四泉"指与古城鼎足而立的趵突泉泉群和五龙潭泉群、黑虎泉泉群、珍珠泉泉群；"六河"指黄河、小清河、东泺河、西泺河、护城河和曲水亭河；"九山"指齐烟九点，包括卧牛山、华山、鹊山、标山、凤凰山、北马鞍山、粟山、匡山、药山。

重点建设泉城特色标志区，即位于泉城特色风貌带中部，以古城区及护城河以外的周边

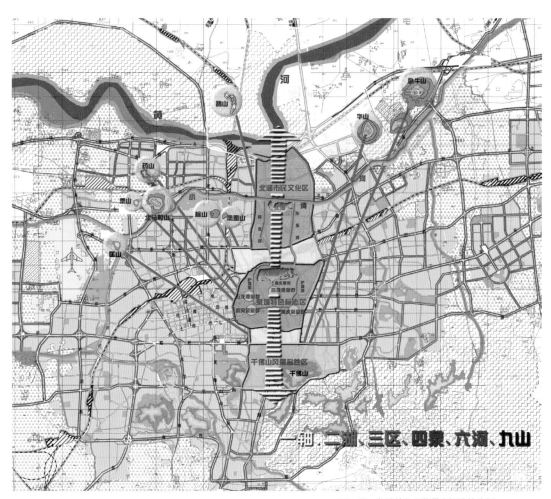

图1-40 泉城特色风貌带空间结构分析

图1-41　泉池园林景观区

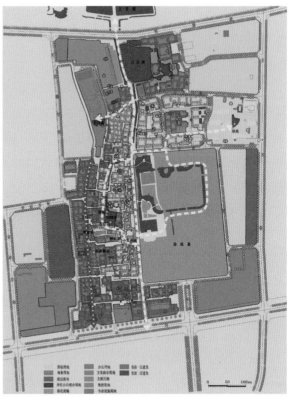

图1-42　地方传统历史性街区

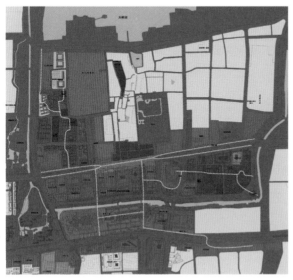

图1-43　商业中心区

地区为主体，东至历山路、西至顺河高架路、南至文化西路、北至胶济铁路，总用地约9平方公里的区域。以"泉水"为主题，以泉池园林景观区（图1-41）、地方传统历史性街区（图1-42）和商业中心区（图1-43）等三个特色片区为主体，统筹规划、综合整治，融山、泉、湖、河、城等自然景观和历史文化遗存等人文景观于一体，将特色区建设成为主体形象鲜明、文化品位高尚、泉城特色突出、环境幽雅、生态良好、功能完善的园林式的城市中心标志区。

为保护重要景观点和景观视廊的通视及适宜的空间尺度，保持空间和自然环境的和

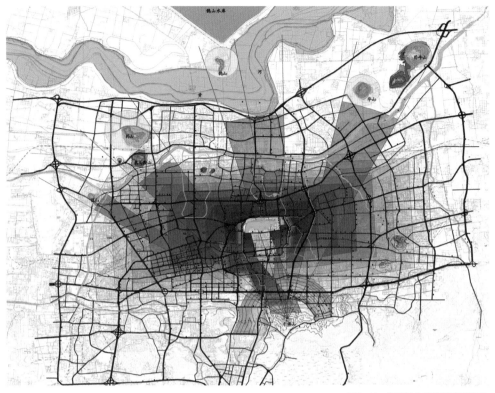

图1-44　泉城特色风貌带高度分析

谐，以空间形态规划为依据，结合古城历史街区、历史建筑保护的要求，进行了建筑高度控制规划以及视廊控制（图1-44）。为突出和强化风貌带特色，体现不同时期的文化遗存和建筑风格，对风貌带进行了建筑风貌分区，形成了三个特色不同的风貌分区。

三、分区整合和中轴延伸

（一）分区整合

将大明湖及周边地区、泉城广场和趵突泉、芙蓉街和曲水亭街、将军庙地区、县西巷两侧、解放阁及周边地区分别整合为特色鲜明的六个片区，也是泉城特色标志区的主体（图1-45），集中体现济南地域历史文化特征。

（二）中轴延伸

未来济南的城市整体空间格局，在保护和优化南部千佛山、中部标志区已有特色风貌的基础上，重点是将城市中轴线向北延伸，提升北部地区的空间特色，丰富中轴线的内涵，规划北湖市民文化区和鹊华历史文化公园等两个特色区域（图1-46）。

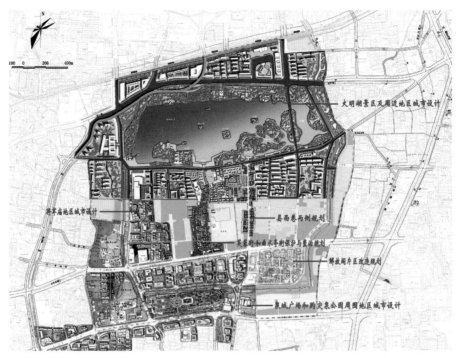

图1-45　六个重点片区规划图

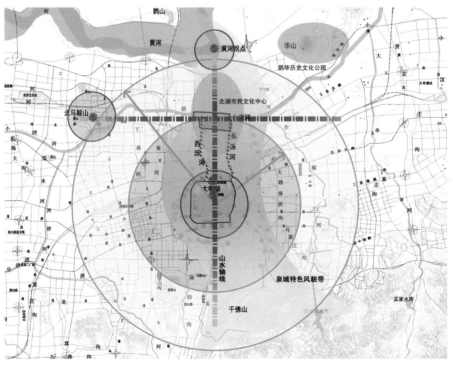

图1-46　风貌轴线北延

图1-47　北湖与小清河连通

1. 北湖市民文化区

大明湖以北地区现状多为工厂和仓储用地，居住环境较差，没有充分体现泉城特色，与整体风貌极不协调。两院院士吴良镛先生针对现状存在的问题，提出了"可使北湖湿地开发起来，就可以再造一个新的湖面，姑且称之为'北湖'。如今新湖面的开拓，或可使昔日景观重现，历下八景之一的'鹊华烟雨'图景，有望日后再次成为济南的风景'绝胜之处'"的构想[①]（图1-47）。

北湖市民文化区位于风貌带北部，规划进行大面积整合改造，形成市民文化区。结合滞洪区及小清河改造，开辟约40公顷的新水面形成"北湖"，与大明湖遥相呼应（图1-48、图1-49）。该功能区的设立更加突出和完善了"山、泉、湖、河、城"有机结合的独特空间格局，将泉城特色风貌带所体现的城市中心服务功能及景观特色北延，形成新的城市功能空间，以带动城市经济社会的全面发展。

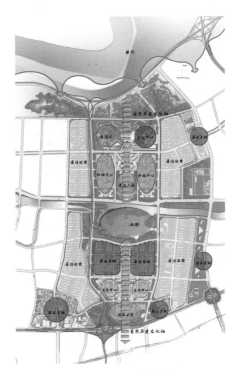

图1-48　北湖市民文化区功能结构

① 吴良镛. 借"名画"之余晖，点江山之异彩——济南"鹊华历史文化公园"刍议. 中国园林，2006（1）.

图1-49　北湖规划——平湖浅渡

2. 大明湖至小清河通航

大明湖至小清河一线是泉城特色风貌带的重要组成部分，是连接繁华都市和小清河水景的纽带，是延续"山、泉、湖、河、城"的城市风貌轴。

通航河道南起大明湖北侧，北至北湖南岸，全长2189m（图1-50）。规划河道上口宽度为30m，其中北园大街以南为改造段，以北为新建段。两侧绿化带北园大街以北不小于30米，以南不小于15米。在满足通航要求的前提下，河道与两岸建筑、道路、景观有机结合，布置不同形式的河道横断面与各主题区段相协调，形成风格多样的河道景观。

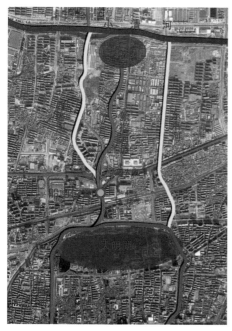

图1-50　通航河道选线图

在现有的水系格局中，大明湖水位为23.92m，北护城河水位为23.42m，形成的水位高差能够稳定水体流向、保证湖内进排水通畅（图1-51）。在大明湖北口结合节制闸设置船闸，游船在此驶入河道。在大明湖北口和北湖南端分别设置一处船闸，船闸之间设计水位为22.92m；为满足防汛及水位控制要求，全线设置防洪闸和节制闸各三处，设置船站4处（图1-52）。

通航河道的开通，不仅打通了大明湖与小清河的水上交通联系，更为重要的是延续了对泉水的利用。将泉水引入两侧不同功能区，同时在景观塑造上联系东西泺河，形成纵横交融的景观体系，打造适合居民休闲活动的场所（图1-53、图1-54）。

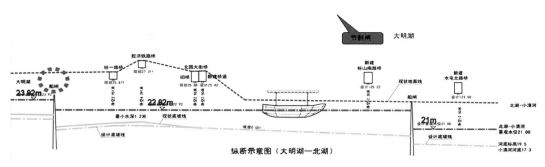

纵断示意图（大明湖—北湖）

图1-51　大明湖——北湖纵段示意图

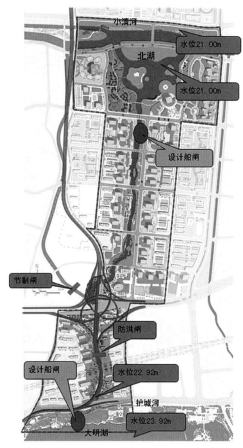

图1-52　规划水位标高示意图

图1-53　柳影泉印

图1-54　白鹤凌烟

3. 鹊华历史文化公园

"鹊华历史文化公园"的建设是吴先生提出的，是北部风貌带建设的又一重要思想。元代书画家赵孟頫所绘的《鹊华秋色图》，描绘了济南郊区的"鹊山"和"华不注山"一带的秋景，画中长汀层叠，渔舟出没，林木村舍掩映，平原上两山突起，遥遥相对。这幅画反映的正是济南北部风貌带的历史景观，为北部风貌带的建设提供了重要的参考依据（图1-55）。

为此，吴良镛先生还发表了"借'名画'之余晖，点江山之异彩——济南'鹊华历史文化公园'刍议"一文。文中对北湖的开拓表达了赞许之意，同时提出，能否把这一地段，至少是华、鹊二山，以及从二山之间穿流而过的黄河及其周边地段，建设成一个大面积的"历史文化公园"（图1-56 ~ 图1-58），还提出筹建"鹊华秋色博物馆"，为济南城增添文化特色。吴先生的畅想是：

图1-55　鹊华秋色图

图1-56　华山片区控规总平面图

图1-57　鹊山龙湖规划局部效果图

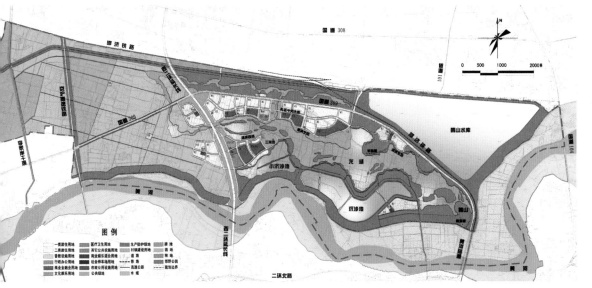

图1-58　鹊山龙湖规划图

"济南的北湖湿地逐渐建成之后，若有仙鹤、白鸥之类的鸟类来栖息，那'齐烟九点'各有风光，不用过分着力经营，也不要耗资亿万，则能够形成一个大的游憩空间，这对济南人民和全社会来说都是非常有益的。"①

————————

① 吴良镛．借"名画"之余晖，点江山之异彩——济南"鹊华历史文化公园"刍议．中国园林，2006（1）．

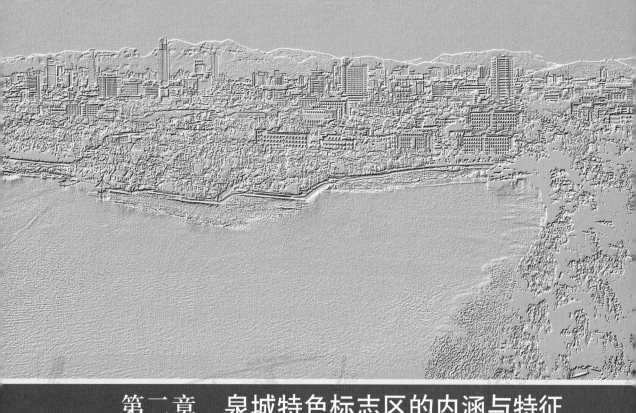

第二章　泉城特色标志区的内涵与特征

　　泉城特色标志区是指古城区（明府城）及外围的大明湖、环城公园、泉城广场、趵突泉、五龙潭地区，是泉城特色风貌带的重要组成部分，是体现泉城特色的标志性区域（图2-1）。

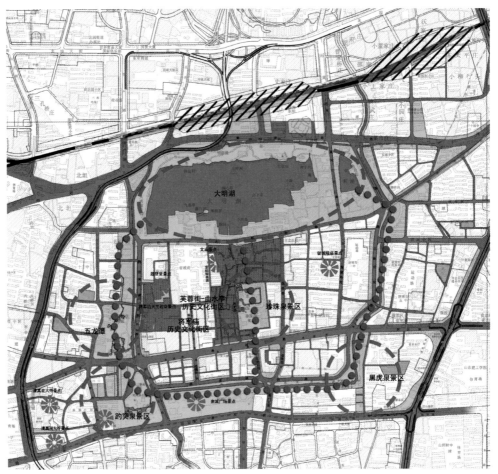

图2-1　泉城特色标志区区位特色图

第一节　价值与特色

一、整体格局

　　济南古城（明府城）经过数千年的精心营建逐步发展而成，它在空间上融山、泉、湖、河等自然要素为一体，是典型的山水城市，其自身有着严谨的空间尺度关系。

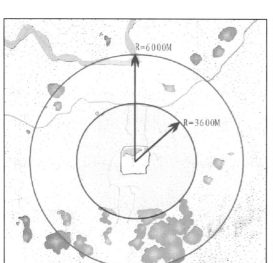
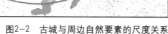
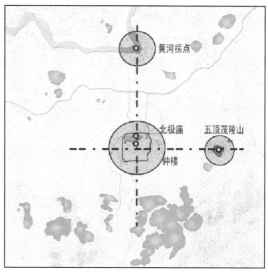

图2-2 古城与周边自然要素的尺度关系　　　　　　　　　图2-3 山水轴线定位

济南古城南面依山，北面临水，和周边的自然山水环境相互结合。以大明湖内的历下亭为基准地点（历下亭是济南观看周边山峦景色的绝佳之地，其在大明湖中的定位也是经精心策划而定的），向南看千佛山主峰，向北看鹊山、华山，基本上为相等的距离，约600米的整数倍（图2-2）。

济南古城重要中轴线与周边山水存在明显的对应关系（图2-3）。古城内的主要公共建筑均具有良好的观山视廊，从城外群山又可很好地欣赏城中大明湖等景致，同时，也形成了很多跟山形成对景的城市道路和城市空间。所以，济南的古城有"一城山色半城湖"和"青山入城"的特点（图2-4）。

二、古城（明府城）

历史上的明府城，于洪武四年（1371年）开始筑城，南面群山、北临黄河（图2-5）。城内泉池密布，民居前街后池，泉水穿户过巷（图2-6、图2-7），溪流回环曲折（图2-8），呈现出"家家泉水、户户垂杨"和"泉水串流于小巷民居"的绮丽风光。由于有天然的泉水、湖泊和依山建城的独特城市形制，明府城成为中国古代城市建设史上充分利用自然景观建设城市的典范之一，在中国城市发展史上具有重要地位。

（一）空间格局

济南古城具有一般府城的格局。以清代为例（图2-9），城内最主要的公共建筑——山

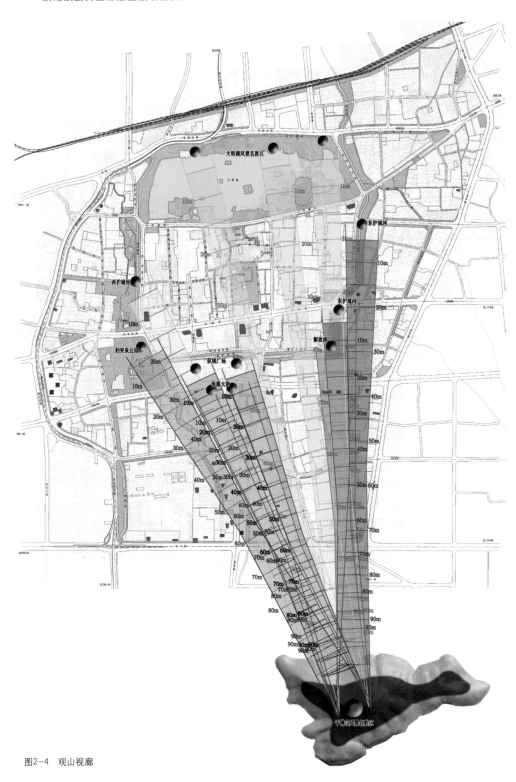

图2-4 观山视廊

图2-5　古城1937年轴测图

图2-6　泉水穿户过巷

图2-7　泉水串流于小巷民居

图2-8　溪流回环曲折

东巡抚都察院居中，其余的行政办公建筑，如济南府衙、按察司、运署司、布政司、山东都指挥使司等分布在巡抚院署的东、西两侧，济南府衙前面的院西大街（现泉城路）两侧形成繁华的商业区，清代济南府的广丰、广储两座粮仓建在城内东南隅。山东巡抚都察院在空间位置上不仅居于古城的正中位置，而且处在千佛山与鹊山的连线上，并与城东南角的黑

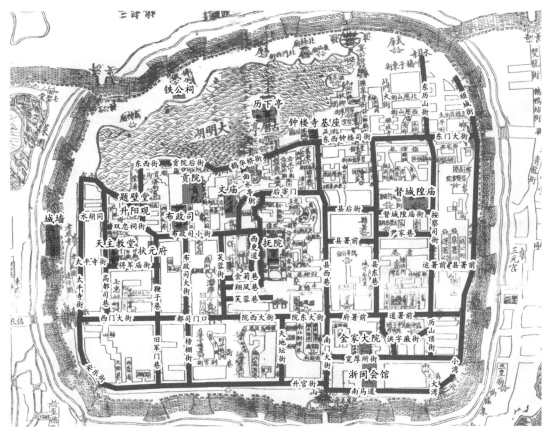

图2-9　明清街巷建筑分布图

虎泉和城西南角的趵突泉成等腰三角形。古城平面近似方形，东西、南北方向的长度均为3×600米，古城区北部的开放空间——大明湖占用南北方向的600米，主要建设用地集中在大明湖以南的2×600米的区域，济南古城的宏观尺度都控制在以600米为模数的尺度上（图2-10、图2-11）。

（二）人文尺度

旧时古城内人居环境的布局遵循"百尺为形，千尺为势"的原则，百尺约为23～35米，千尺为230～350米[①]。最主要的大街是院西大街（现泉城路），由西向东起主要节点的距离为泺源门—高都司巷160米，高都司巷—省院西大街（原布政司街）270米，省院西大街—芙蓉街207米，芙蓉街—巡抚院署街247米，巡抚署街—县西巷203米，县西巷—县东巷191米，

---

① 宋启林. 独具特色的我国古代城市风水格局. 华中建筑，1997（2）：27.

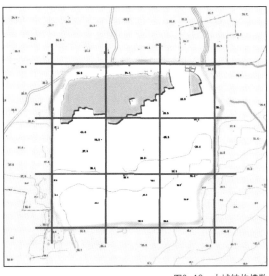

图2-10 古城结构模数

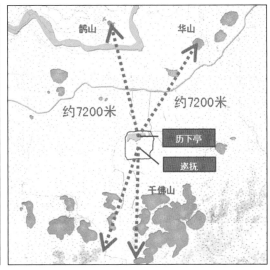

图2-11 古城空间格局

县东巷—按察司街 230 米，均为"千尺"控制范围左右（图 2-12）。南北向的街巷距离：院西大街—黑虎泉西路（即原南侧城墙）距离在 210 ~ 330 米之间，由院西大街至大明湖南岸（现在的明湖路）附近，距离在 750 米左右，在院西大街与明湖路之间虽无一条贯通的东西向主街，

但在其中间位置均有断断续续的东西向街巷与上述南北向的主街相连，用以划分街坊的大小，其与院西大街的间距多在 350 ~ 440 米之间。研究时发现，节点越相对重要，其间距就越大。济南古城的中观层次普遍受 300 米左右模数控制。

（三）泉池水系

泉水为济南之魂，明府城泉眼众多，共有近百口泉眼，趵突泉泉群、黑虎泉泉群、珍珠泉泉群、五龙潭泉群等四大泉群呈鼎足之势汇集（图 2-13 ~ 图 2-17）。其中有 40 处已列入 2004 年评出的新 72 名泉之中（图 2-18 ~ 图

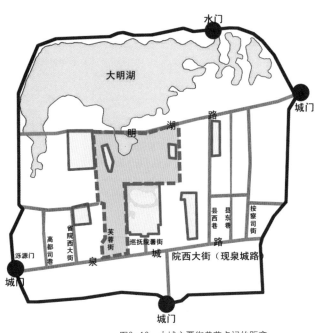

图2-12 古城主要街巷节点间的距离

2-20）。珍珠泉泉群的泉水向北流经曲水亭河、百花洲汇入大明湖，其他三个泉群的泉水充盈护城河。独具特色的王府池子（图 2-21），胜似江南水乡的曲水亭街（图 2-22）、百花洲（图 2-23），以及诸多名泉，是济南泉水特色的集中体现。

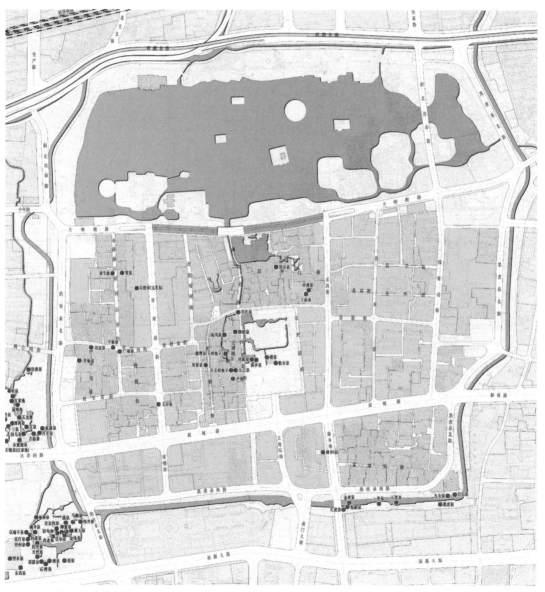

图2-13　泉池分布图

图2-14 趵突泉

图2-15 黑虎泉

图2-16　珍珠泉

图2-17　五龙潭

图2-18 漱玉泉

图2-19 五莲泉

图2-20　官家池

图2-21　王府池子

图2-22　曲水亭街

图2-23　百花洲畔垂杨依依

（四）文物古迹

　　明府城共有各级文物保护单位 17 处（图 2-24），其中省级文物保护单位 3 处，市级文物保护单位 12 处，省级优秀历史建筑 2 处。文物保护单位除辟为旅游景点的部分相对保存较好以外，大多数作为厂房或居民住宅使用，缺少正常的保养和修缮，且周边环境破坏严重。明府城的历史优秀建筑为 158 处（图 2-25）。

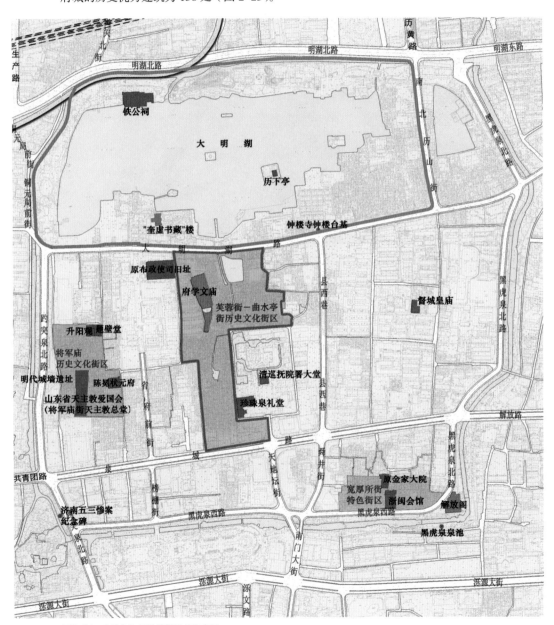

图2-24　古城文物保护单位现状分布图

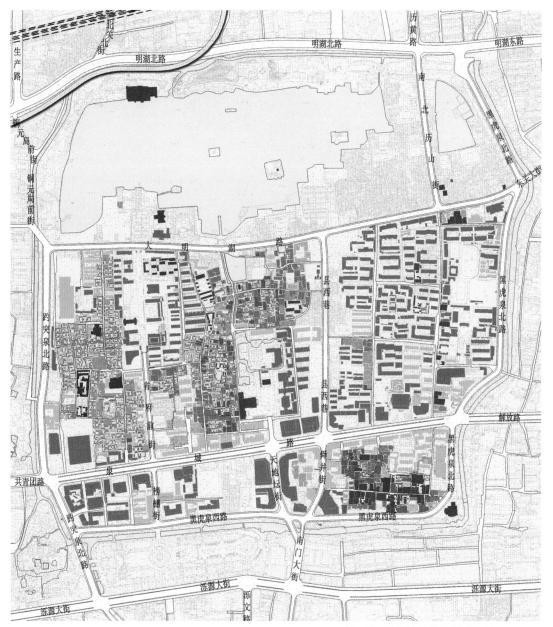

图2-25 明府城历史优秀建筑评价图

现存较好的历史建筑主要有德王府（图2-26）、布政司（图2-27）、府学文庙（图2-28）等。其中府学文庙是山东省内仅次于曲阜孔庙的第二大文庙，也是我国现存重要的府级文庙。街区内将军庙地区保存有天主教堂（图2-29）、题壁堂（图2-30）、状元府（图2-31）等中西传统庙宇和名人遗迹。

图2-26 德王府

图2-27 布政司

图2-28　府学文庙

图2-29　天主教堂

图2-30　题壁堂

图2-31　状元府

（五）传统街巷

明府城内数百条老街小巷纵横，成了一道独特的风景。街道设置大多与城墙平行，同时凡是通向城门的街道多为主干道，街道较宽，顺城街较窄。此外为适应济南的特殊地理环境，受建筑物和地形的制约，街道宽窄不一，走向也不端直，斜街曲巷很多，一条街巷中间往往有几次曲折，而且街中有街，巷中有巷，十分复杂（图2-32、图2-33）。

明府城内历史传统街巷共83条，其中，现状尚存的历史传统街巷56条（图2-34），消失的历史传统街巷27条。芙蓉街、曲水亭街等多条历史街巷基本保持了府城的传统街巷格局和风貌特色，其中芙蓉街和芙蓉巷曾是济南府最繁华的商业区（图2-35），设有旧书、古玩字画、金石碑帖等文化集市，是济南市井文化和地域文化的重要承载区。

（六）民居特色

济南民居特色更多地体现在与泉水的相互结合，"家家泉水、户户垂杨"是济南城市特色最集中的体现。济南泉水不仅有四大名泉，更多的则是深藏在一个个四合院中（图2-36～图2-38），小家碧玉般缓缓吐露着温婉。"老屋苍苔半亩居，石梁浮动上游鱼。一池新绿芙蓉水，

图2-32　十字形街巷结构

图2-33　起风桥街

图2-34　现状传统街巷图

图2-35　芙蓉街

图2-37　泉水与民居

图2-36 民居中泉池

图2-38 民居与泉池

矮几花阴坐著书"是这一景色的生动写照。

　　济南民居较多地使用了地方石材（图2-39）。墙基是石头的，房子是石头的，有的整个门楼、整个墙面都用石砌。石材除了用于墙面，还用于地面铺装，整条街巷都是用青石板铺砌而成，在过去不时有泉水渗出，别有一番江南水乡的味道。瓦片是民居建筑中重要的、也是大量性的材料之一。济南民居的瓦以板瓦为主，少量运用筒瓦。板瓦铺成的大片屋面显得细密而精致，同样有江南风韵（图2-40）。

　　灰砖、青石、灰瓦构筑了民居以灰色为主的色系，但在不同的细部仍然存在黑色、暗红色等其他颜色的运用。民居的装饰主要集中在屋脊、檐口、山墙、门窗和影壁（图2-41）。屋脊通常是由瓦片相叠成为"花脊"，两端向外挑出。使屋顶的轮廓显得轻盈生动。门楼的花脊

图2-39 使用石材的传统民居

图2-40 板瓦铺成的大片屋面

图2-41　金菊巷5号　　　　　　　　　　　　　　　　　　图2-42　花脊

更加小巧，造型更加活泼，往往成为入口门楼最显著的标志（图2-42）。民居的入口空间是最富有特色的。大大小小、形式各异的门楼是每家每户各自不同的标志，具有可识别性。

（七）人文资源

有着六百余年历史的明府城，历史、文化、人文资源荟萃，是古城济南现存唯一的保留较完整的最具传统文化特色的地区，是济南泉水文化、地域文化和传统文化特色在城市的缩影和集中体现，在历史、人文、科学研究方面具有较高的价值，是济南乃至中国历史文化的重要资源，在济南城市发展史上具有特殊的文化价值和重要的历史地位。明府城是济南普通市民日常生活遗存、传统生活习俗的缩影和市井文化的代表，体现着老济南的传统特色和文化内涵。这些珍贵的历史文化遗存不仅是济南城不断发展演变的历史见证，也是先人赐予今天的宝贵资源和巨大财富，是老济南的灵魂和命脉（图2-43、图2-44）。

三、大明湖

大明湖在古城的北部，为小清河上源。周围有遐园、秋柳园、小沧浪、稼轩纪念堂等胜迹，湖中有历下亭。湖畔杨柳垂岸，夏季荷花竞放，体现了"四面荷花三面柳，一城山色半城湖"的景致（图2-45、图2-46）。

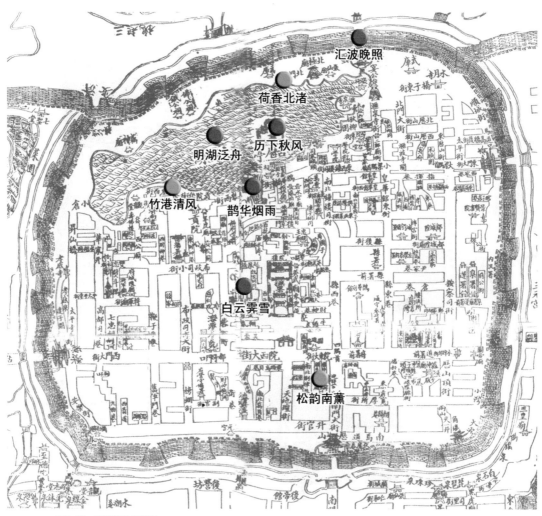

图2-43　明清著名景观图

（a）吕剧

（b）皮影戏

（c）曲艺

（d）济南面塑

（e）闹元宵

图2-44　济南民俗

图2-45　杨柳丝垂大明湖

图2-46　风起荷香四面来

　　大明湖是一个由泉水在低地上汇集所形成的湖泊，这种特殊的成因，在我国还不多见，大概只为济南这样的"泉城"所特有。济南的南面有绵延的小群山，如千佛山等都是由厚层的石灰岩构成的，岩层略向北倾。石灰岩层内大小溶洞和裂隙很多。山地降水渗入地下，积蓄在其中，积蓄的水多了就顺着倾斜的岩层和裂隙向北流动，当流到济南北面时，遇到了组成北面丘陵的不透水岩浆岩的阻挡，便停滞下来，成为承压水，它一遇上地面层薄弱的部分，便冒出地面，成为大小的涌泉（图2-47）。而大明湖所在地正是济南北部最低洼处，众泉汇聚，所以成为湖泊。市区诸泉在此汇聚后，经北水门流入小清河。现今湖面46公顷，公园面积74公顷（图2-48），湖面约占62%，平均水深3米左右，最深处约4米。蛇不见，蛙不鸣；淫雨不涨，久旱不涸，是大明湖两大独特之处。

大明湖自然景色秀美，名胜古迹争辉（图2-49、图2-50）。沿湖八百余株垂柳环绕，湖中四十余亩荷花开放，碧波之上，画舫穿行，小舟荡波，俨若北国江南。在湖之北岸远眺，南山苍翠，环列似屏，倒映入湖（图2-51）；漫游湖畔，处处花繁树茂，点点亭台楼阁掩映绿荫之间（图2-52），历下亭（图2-53）、铁公祠（图2-54）、北极庙、汇波楼等二十多处名胜景点，令人应接不暇，游趣无穷。济南八景中的鹊华烟雨、汇波晚照、佛山倒影、明湖泛舟均可在湖上观赏。

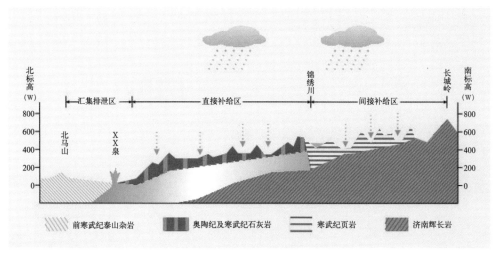

图2-47　济南泉水成因图

图2-48　俯瞰大明湖

图2-49 大明湖公园南门

图2-50 湖中岛

四、环城公园

环城公园始建于1984年3月，于1986年10月15日竣工并正式对外开放。环城公园是在环绕古城的护城河的基础上改造扩建而成，全长4.71公里，总面积为26.3公顷，河道宽度10~30米，水面面积8.4公顷，两岸绿地宽度10~50米，绿地17.9公顷。它以优美典雅的园林建筑和碧水绿翠，把趵突泉泉群、珍珠泉泉群、黑虎泉泉群、五龙潭泉群及大明湖连接在一起，形成了以泉水为特色的园林绿化中心，突出了泉城的特有面貌，是颇有独特性的全开放公园（图2-55、图2-56）。

意象泉城——济南泉城特色标志区规划研究

图2-51 北岸远眺

图2-52 漫游湖畔

图2-53 历下亭

图2-54 铁公祠内得月亭

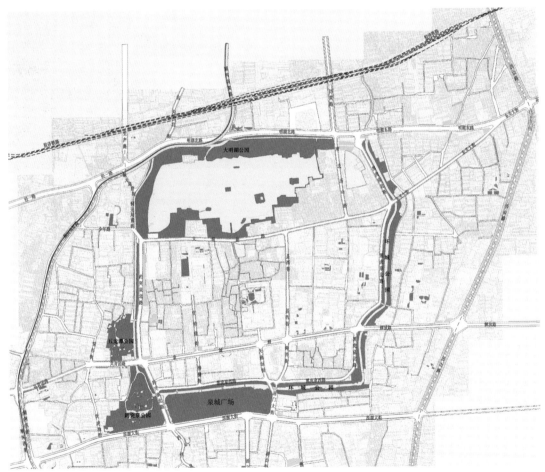

图2-55 现状环城公园及其周边总体结构图

图2-56 开放的环城公园

　　环城公园主要分南、西、东三个景区：一是位于南护城河东端以黑虎泉为中心的泉石园景区。黑虎泉喷珠溅玉、声如虎啸，九女泉、白石泉、玛瑙泉、琵琶泉等20多个泉池似众星捧月环列四周。泉旁怪石嶙峋，形成泉石辉映的泉石园（图2-57、图2-58）。依势而建的清音阁、五莲轩、琵琶桥、伴月亭、金虎亭、对波亭等仿古建筑风姿各异，与泉水山石、繁花绿树融为一体，令人流连忘返。济南解放阁坐落于南护城河东端北岸，气势雄伟，此处为1948年解放济南攻城突破口。"解放阁"三个大字为陈毅元帅题写（图2-59）。二是以五三街旧址为中心的西护城河景区（图2-60）。沿河往北有大面积草坪绿地，有供人小憩的花架、座椅长廊等设施（图2-61、图2-62）。三是四季花园景区（图2-63、图2-64）。沿东护城河由北向南依次为隆冬瑞雪园、春花烂漫园、夏木荫荫园、春华秋实园等景观。公园的布局、造型既体现了济南泉城特色，又兼有北京和江南等地园林艺术风格，它使湖、山、泉紧紧相连，亭榭曲廊和泉水山石相辉映照，景色宜人，形成了一个大型的植物游园（图2-65～图2-67）。

五、泉城广场

　　泉城广场是山东省会济南的中心广场。她南屏千佛山，北依大明湖，西邻趵突泉，东眺

图2-57 黑虎泉

图2-58 泉石园

图2-59 解放阁

图2-61 西护城河风景

图2-60 "五三惨案"纪念警钟

图2-62 西护城河风景

图2-63　东护城河风景

图2-65　泉水山石

图2-66　泉水山石

图2-67　河中双亭

图2-64　四季花园

意象泉城——济南泉城特色标志区规划研究

图2-68 泉城广场全景鸟瞰　　　　　图2-69 文化长廊

解放阁，似一颗璀璨的明珠，装点着美丽的泉城。广场东西长约 780 米，南北宽约 230 米，占地约 250 亩。广场自 1998 年 7 月开工建设，1999 年国庆前夕竣工，是当时济南城建史上的最大工程。

　　泉城广场自西往东由趵突泉广场、南北名士林、泉标广场、颐天园和童乐园、下沉广场、历史文化广场、滨河广场、荷花音乐喷泉、文化长廊、四季花园、科技文化中心等十余部分组成（图 2-68）。

　　广场东部有文化长廊和音乐喷泉。文化长廊像一架玉屏将广场半揽，既可登高鸟瞰广场全貌，又是展示齐鲁文化的艺苑（图 2-69）。透过长廊中部，解放阁近在咫尺，犹如画中。浮雕《圣贤史迹图》位于长廊两端及柱枋处，表现了"舜耕历山"等 14 个历史故事，反映齐鲁文化的历史脉络。长廊内部展列圆雕塑像，再现大舜（图 2-70）、孔子（图 2-71）、李清照（图 2-72）等 12 位齐鲁历史名人的风采。以荷花为造型的音乐喷泉（图 2-73），以 40 种不同造型的交叉变换向人们展示了一个五彩缤纷的世界。

　　而矗立在广场中心位置 38 米高的主体雕塑《泉》（图 2-74），似三股清泉自"城"中磅礴而出，耸立挺拔，直冲蓝天。泉标下有四组喷泉，寓意济南的"四大名泉"；七十二个小涌泉，寓意"七十二名泉"。

　　广场西部为升旗集会、主题活动区域（图 2-75），宽阔平坦，是文化娱乐、庆典集会的佳境。在南北分设名士林，林内广植乔木，生机盎然，两组名士亭小筑林中，供游人憩息。

　　广场北部依托护城河形成可亲水近泉的步行地带，柳丝柔美婆娑，泉溪清澈畅流，与环城公园有机地融为一体（图 2-76、图 2-77）。

图2-70 大舜

图2-71 孔子

图2-72 李清照

图2-73 荷花喷泉

图2-74 泉标

图2-75 集会广场

图2-76 下沉广场

图2-77 下沉广场与环城公园融为一体

六、趵突泉和五龙潭公园

(一)趵突泉公园

趵突泉公园位于济南市市中心,始建于1956年,其名胜古迹,文化内涵极为丰富,是同时兼具南北方园林艺术特点的最有代表性的山水园林。趵突泉是公园内的主景,三窟并发,声如隐雷,"泉源上奋,水涌若轮","云雾润蒸华不注,波涛声震大明湖",泉池幽深,波光粼粼,楼阁彩绘,雕梁画栋,构成了一幅奇妙的人间仙境。趵突泉周围约17公顷的土地上,散落着38处泉池,构成趵突泉泉群,为济南四大泉群之一,其中近邻趵突泉的达10余处(图2-78、图2-79)。

图2-78 趵突泉观澜亭

图2-79 趵突泉公园

图2-80　五龙潭公园　　　　　　　　　　图2-81　清泉石上流

（二）五龙潭公园

五龙潭公园因内有五龙潭而得名，是由潭、池、溪、港景观构成的，以质朴野逸为特点的园林水景园。公园内，散布着形态各异的 26 处古泉，构成济南四大泉群中的五龙潭泉群。这里群泉竞升，溪水横流，景色宜人，有"夹岸桃花，恍若仙境"之美誉。园内西北角有难得一见的"清泉石上流"。泉水旺盛时，聪耳泉的水自池底涌出，沿池岸外溢遍地流淌，泉水就会漫过石板流到附近的濂泉，中间这段路程就会构成"清泉石上流"的景象（图 2-80、图 2-81）。

第二节　保护与更新

一、保护的重点与遗憾

1986 年国务院批准公布济南为国家历史文化名城，20 多年来，按照"全面、系统、科学保护"的思路，坚持整体保护、重点保护和积极保护原则，构建和完善历史文化资源保护与自然景观资源的保护体系。

坚持规划先导，保护历史文脉。把握规划的公共政策属性，将城市规划作为引导建设发展和历史文化保护的法定依据，不断提高规划的整体水平和质量，充分发挥其对历史文脉保护的基础先导作用。

开展文物普查，有针对性地实施保护。多年来，数次开展大规模的文物普查，基本摸清了古城区内不可移动文物和传统民居的分布情况。

突出重点，加强老城整体保护。系统进行明府城保护、大明湖风景名胜区扩建和护城河环境改造与景观整治，规划着重对古城区内的曲水亭—芙蓉街片区数十条古街巷进行整治和保护性修复，启动府学文庙千年大修工程。

节水保泉，彰显泉城特色。围绕"突出泉城特色，恢复泉水常年喷涌"目标，建立保泉预警机制，调动全社会的保泉积极性，加强泉水出露区、补给区的保护和控制，泉水自 2003 年复涌至今，已持续喷涌六年，是自 20 世纪 70 年代以来持续喷涌时间最长的。

然而不容忽视的是，几十年来，随着经济社会的发展，由于受当时思想认识水平的制约和房地产开发热潮的影响，古城区开发改造力度过大，随着大规模城市建设的损毁和使用单位的不合理使用，现有的历史传统建筑、街巷、近现代代表性建筑等的总量，已有较大幅度的减少，不该拆的拆了，不该填的填了。一些有价值的历史建筑和传统街区受到不同程度的破坏，许多反映济南传统风貌的历史遗迹被逐步蚕食，府城风貌特色趋于弱化，泉池水系填埋严重，传统民居年久失修。

二、更新的动力与必然

目前标志区面临着基础设施建设严重滞后、道路不成系统、公共交通设施严重缺乏、市政设施超负荷运转、居住环境恶化等问题，城市各项活动的正常开展受到制约，城市功能不能有效地发挥，昔日商贸中心及传统商业中心功能逐渐衰退。用地结构比例失调，导致城市土地区位效益不能有效发挥。城市大量空间被高度饱和的住宅建筑占据，同时，还有多家工业仓库企业混杂在居住用地中，用地效益不佳，用地结构与明府城商贸及传统商业中心的地域功能很不协调，客观上要求对标志区进行更新改造。

标志区更新改造面临着六大任务。第一是调整产业结构和空间布局，疏解旧城功能，增加服务设施，提升城市功能；第二是改善居民居住条件，拆除破旧危房，改善居住环境，提高生活质量；第三是完善市政管网，配套市政设施；第四是理顺道路交通网络，实现人车分流，使交通安全、快捷、畅达；第五是增加绿地和开敞空间，提升整体环境，促进旅游产业发展；第六是保护历史文化风貌，保持原有的街巷格局、景观视廊和风貌，使标志区的空间肌理得以保存并不断延续。

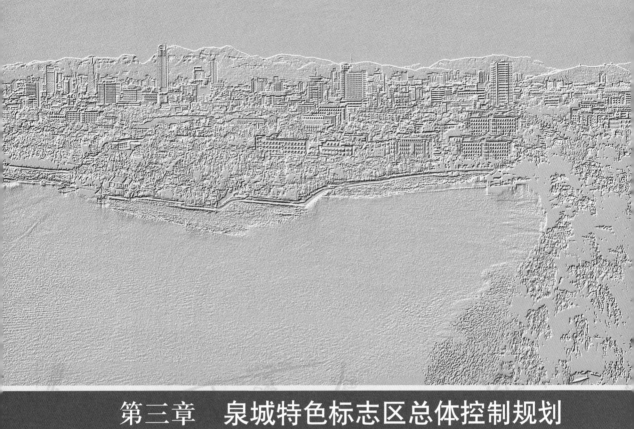

第三章　泉城特色标志区总体控制规划

第一节　总体构思与规划重点

一、总体构思

以建设"国际知名的魅力泉城和文化名城"为目标，坚持"恢复性保护、艺术性更新、创新性改造"的规划理念，按照统筹规划、长期控制、持续改造、逐步更新的原则，从整体风貌出发，继承和保护"山、泉、湖、河、城"有机结合的传统格局，保护府城街巷肌理和泉池园林水系，以明府城、大明湖、环城公园为主体，体现泉城风貌特色；从个性特色出发，突出自然景观和地方特色，体现"家家泉水、户户垂杨"和"泉水串流于小巷民居之间"的风貌特征；从持续发展出发，优化府城职能，疏解老城容量，控制建筑高度，增加开敞空间，完善基础设施，改善居住环境。打造特色鲜明、功能完善、环境优美的泉城特色标志区，实现"人城和谐，人水和谐，人文和谐，人居和谐"（图3-1、图3-2）。

图3-1　古城夜景效果图

图3-2　佛山影落镜湖秋，湖上看山翠欲流

二、规划重点

以明府城、大明湖、环城公园"一城、一湖、一环"的保护整治改造为重点（图3-3），保护"一城"明府城的结构肌理，整治改造历史街区，疏理泉池水系；扩建"一湖"大明湖风景名胜区，使园中湖变成城中湖，形成环湖休闲游览景观线；整治"一环"护城河环境景观，丰富游览景点，贯通环城陆地及水上游览线。

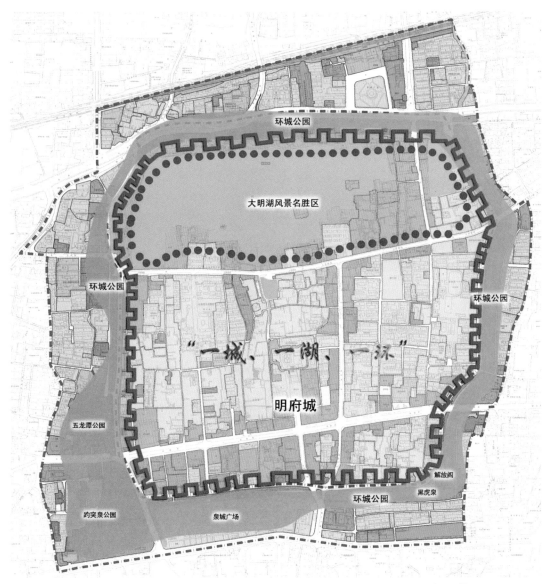

图3-3 一城、一湖、一环

第二节　整体风貌与景观视廊

一、整体风貌

　　规划以保护济南古城为核心，形成以古城街巷肌理为特征的明府城泉城风貌，展示传统历史文化名城的形象特色（图3-4～图3-6），突出芙蓉街—百花洲历史文化街区（图3-7）、将军庙历史文化街区（图3-8）的保护。依托大明湖、护城河、趵突泉、黑虎泉等水系和绿化构成"蓝脉绿网"生态格局（图3-9），重点塑造大明湖风景名胜区、解放阁、泉城广场等标志性景观节点。组织城市公共空间和标志性景观（图3-10～图3-12）。依据城市高度分区，确定天际线控制点，划定天际线，塑造重点控制区。

图3-4　俯瞰泉城特色标志区

图3-5　湖光山色

图3-6　古城街巷肌理

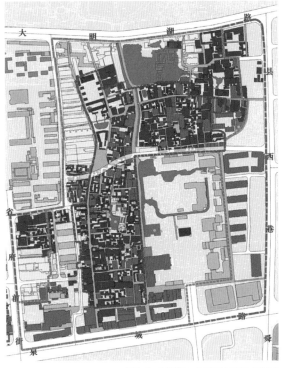

图3-7　芙蓉街—百花洲历史文化街区

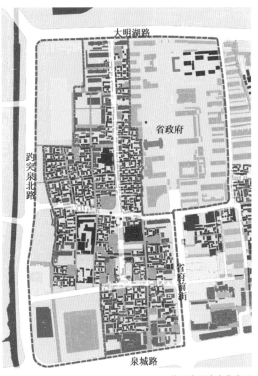

图3-8　将军庙历史文化街区

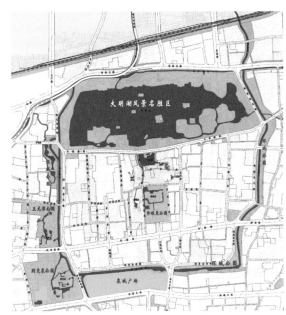

图3-9　"蓝脉绿网"生态格局

图3-10　珍珠泉开放的城市空间

图3-11　处处清泉伴人家

图3-12 俯瞰王府池子

二、景观视廊控制

为了保持"佛山倒影"、"一城山色半城湖"的湖山景色，保护特色街区的景观风貌，规划严格控制府城内的建筑高度，控制大明湖周边的开敞空间和景观轮廓线，保护空间走廊，拆除或改造影响景观的超高建筑。规划对各区段作出了不同的界定（图3-13）：芙蓉街—百花洲历史文化街区、将军庙历史文化街区和宽厚所街特色街区的重点保护区建筑限高12米；趵突泉北路以东、泉城路以北、黑虎泉北路以西、大明湖路以南的区域自北向南建筑限高控制在12～35米；泉城路以南、黑虎泉西路以北的区域建筑限高45米；大明湖周边，严格控制大明湖周边的建筑高度，以大明湖为中心，建筑高度由内向外平缓增高，保护大明湖开放空间（图3-14）；大明湖至千佛山，为保证大明湖、千佛山这两个重要景区的通视，保持"佛山倒影"故有传统景观，对大明湖至千佛山的景观视廊进行控制（图3-15）；环城公园周边，保护环城公园开敞空间，严格控制周边建筑高度，保持平缓的天际轮廓线，注重在护城河水上游览观赏的效果（图3-16）；解放阁作为明府城和环城公园重要的制高观景点，应严格控制解放阁周围的建筑高度和屋顶立面形式（图3-17），保证解放阁周围开敞的空间和良好的景观。

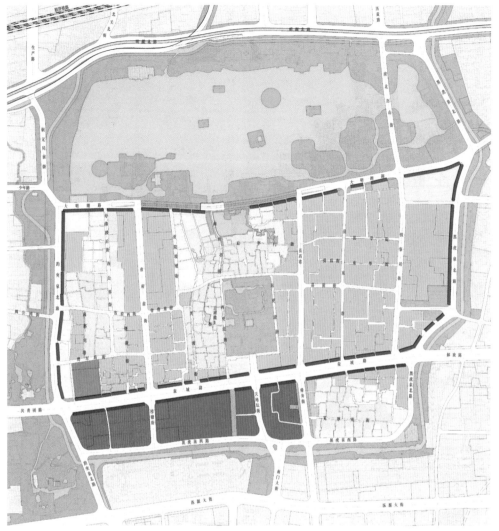

图3-13　标志区建筑高度控制分析图

图3-14　大明湖周边东西向视廊剖面图

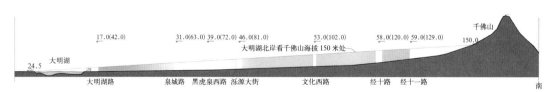

图3-15　大明湖至千佛山视廊剖面图

图3-16　环城公园周边的天际轮廓线　　　　　图3-17　解放阁周边的天际轮廓线

三、建筑色彩控制

明府城建筑色彩以灰砖、青石、灰瓦的"灰白色"为基调，在不同的细部有暗红色、黑色等其他颜色的运用（图3-18～图3-20）。遵循整体和谐、突出地方特色的基本原则，确定府城内及周边建筑的主色调为：灰色（青砖）、淡黄色（面砖）、青灰色、白色（涂料色）四种颜色（图3-21），色彩的搭配应采取互补色对比，淡雅素净。

图3-18　传统建筑色彩　　　　　　　　　　图3-19　传统建筑色彩

图3-20 传统建筑色彩

图3-21 规划建筑色调示意图

第三节 景区景点与交通组织

一、景区划分及主要景点

共划分为大明湖风景名胜区、芙蓉街—百花洲历史文化街区、将军庙历史文化街区、环城公园景区、趵突泉公园景区、泉城广场景区和泉城路休闲区等七大景区（图3-22）。

（一）大明湖风景名胜区

大明湖景色秀美，名胜古迹周匝其间。湖的南面有清宣统年间仿江南园林建造的遐园，遐园内曲桥流水，幽径回廊（图3-23），假山亭台，十分雅致，被称为"济南第一庭园"；湖

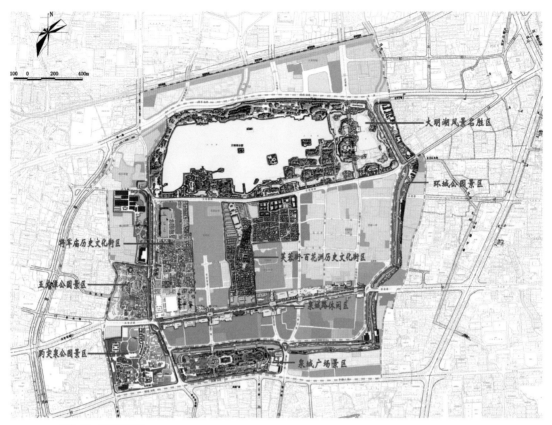

图3-22　景区分布图

边假山上建有浩然亭，登临其上，大明湖的景色一览无余；湖对面北岸高台上有元代建的北极阁，依阁南望，远山近水，楼台烟树，皆成图画；小沧浪，曲廊沿湖而建，湖水穿渠引入荷池，池边建有八角形的小沧浪亭，整组建筑布局奇巧新雅（图3-24），境界超凡脱俗。

　　在大明湖风景区现有景点的基础上，规划在大明湖南岸和东岸建设七桥风月、秋柳含烟、明昌晨钟、稼轩悠韵、竹港清风、超然致远、曾堤紫水、鸟啼绿荫等八个新景区（图3-25 ～图3-27）。

（二）芙蓉街—百花洲历史文化街区

　　芙蓉街—百花洲历史文化街区有龙神庙、关帝庙、文庙、百花洲基督教堂（图3-28）、后宰门武岳庙等宗教文化景点；芙蓉街（芙蓉泉）、王府池子街（濯缨泉）、小王府池子、太乙泉、腾蛟泉、起风泉、珍珠泉公园、西更道街（刘氏泉）、曲水亭街（百花洲）、岱宗泉、珍池、泮池（图3-29）、王庙池等名泉水体景点；金菊巷5、7号，西更道街11号，王府池子街9号，起风桥街14号，辘轳把子街1号，庠门里4号，后宰门街86号，后宰门街56号等传统民居。

图3-23　退园一隅　　　　　　　　　　　　　　　　　图3-24　小沧浪

图3-25　水西桥

图3-26　秋柳园

图3-27　南丰桥

图3-28　百花洲基督教堂

图3-29　文庙前泮池

（三）将军庙历史文化街区

将军庙历史文化街区有将军庙天主教堂（图
3-30）、题壁堂（图3-31）、陈冕状元府、慈云观等宗
教文化景点和特色民居（图3-32）；历史城墙遗址；双
忠泉、广福泉、华家井等名泉水体景点；将军庙街、鞭
指巷、高都司巷、水胡同、双忠祠街、西熨斗隔街（图
3-33）等传统街巷。

（四）环城公园景区

环城公园景区有解放阁、黑虎泉、五龙潭公园、
五卅惨案纪念碑、四季花园等原有景点（图3-34、图
3-35），同时配合护城河通航新建13处船站形成新的
景点（图3-36）。

图3-30　将军庙天主教堂内院

图3-31　题壁堂

图3-32 西公界街6号院

图3-33 西熨斗隅巷

图3-34 一虎泉

图3-35 琵琶泉

图3-36 环城公园新建船站

图3-37 李清照纪念园

（五）趵突泉公园景区

趵突泉公园景区有万竹园、沧园、李清照纪念园等临水建筑景点（图3-37），有以建筑单体为主的泺源堂、尚志堂、白雪楼、静冶堂等景园或景点（图3-38、图3-39），有"茶文化街"、五三纪念园、百花园等新建建筑景点（图3-40），有漱玉泉、柳絮泉、金线泉和花墙子泉（图3-41）等名泉。

（六）泉城广场景区

泉城广场景区有趵突泉（东门）与解放阁通视视廊，有38米高的广场主题雕塑——泉标、济南市市花——荷花雕塑及音乐喷泉、北部临近环城公园形成的滨河广场等景点（图3-42）。

（七）泉城路休闲区

作为步行商业街，通过开辟民俗博物馆，设置超写实真人尺度雕塑"老残听曲"、跨时空组雕与喷泉水景结合、景观设施带等旅游内涵，泉城路休闲区已成为一条观赏泉城风貌的游览线（图3-43——图3-45）。

图3-38 白雪楼

图3-39 静冶堂一隅

图3-40 五三纪念园

图3-41　花墙子泉

图3-42　泉城广场夜景效果

意象泉城——济南泉城特色标志区规划研究

图3-43　泉城路芙蓉街入口

图3-44　泉城路喷泉

图3-45　泉城路雕塑

二、步行游览线路

结合旅游景区景点，形成"两环"、"三线"步行休闲游览线。

"两环"指大明湖环湖游览线和环城公园水陆游览线，"三线"为：泉城路准步行商业街，泉城广场—芙蓉街（王府池子）—府学文庙—大明湖，泉城广场—珍珠泉—百花洲—大明湖（图 3-46）。

（一）大明湖环湖游览线

大明湖风景名胜区中沿湖岸线与岛屿之间形成了多个水上游览线路。环湖游览区除沿湖观赏湖水风光之外，可进入沿途的景园中游览，园中园景区主题多样，风格不同，让游人体会到济南文化，泉城地方风貌及多彩的滨湖水景的魅力。

（二）环城公园水陆游览线

将环城公园沿线的西护城河、五龙潭公园、趵突泉公园、泉城广场、黑虎泉泉群、解放

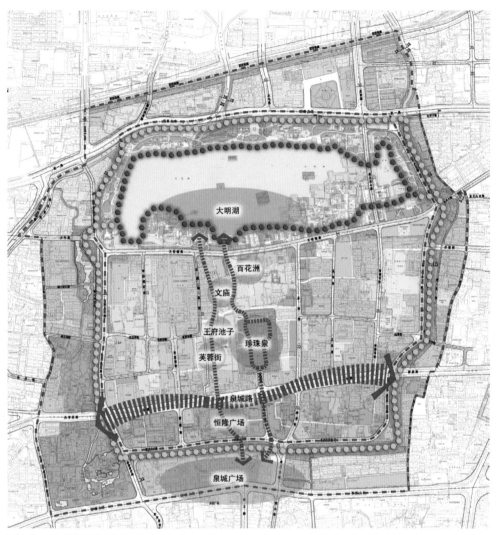

图3-46　休闲游览旅游路线

阁以及东护城河四季园景区有机串联，实现"船在河中行，人在画中游"的意境，形成一条泉、河、园连为一体具有泉城特色的游览路线。沿途景点使游客真正感受到泉城的自然、人文和历史文化。

（三）泉城路准步行商业街

步行商业街在满足人们购物的同时，通过设置高家当铺民俗博物馆、芙蓉街口小广场"老残听曲"组雕、中段主题广场的跨时空组雕、入口处标志性景观、街头休憩绿地等增加旅游内涵，各小广场不定时举行文艺表演、大众民间活动、商家宣传活动等，使泉城路成为兼具购物、交通、休闲、旅游、文化功能的综合性商业街。

（四）泉城广场——大明湖游览线

在大明湖风景名胜区扩建改造以后，开辟泉城广场到大明湖的两条游览线。一是泉城广场–泉城路商业街（恒隆广场）—芙蓉街（王府池子）—府学文庙—大明湖风景名胜区之间的步行路线；二是泉城广场—泉城路商业街（贵和购物中心）—珍珠泉（西更道）—曲水亭街—百花洲—大明湖风景名胜区之间的步行路线。将标志区的主要公共活动空间和重要景点联系起来，同时也有利于开发府城中民居聚集区的传统资源，为府城的复兴创造条件。

三、车行交通组织

机动车交通由"五横五纵"道路构成，并形成内外双环系统（图3–47）。"外环"由明湖北路—历山路—泺源大街—顺河街构成；"内环"由明湖路—黑虎泉北路—黑虎泉西路—趵突泉北路构成。

利用沃尔玛、贵和、泉城广场、华能大厦已有地下停车库，规划在三联商厦南广场、开元赛特北广场、火车东站广场设置地下停车库。地面采取小规模、分散式停车。

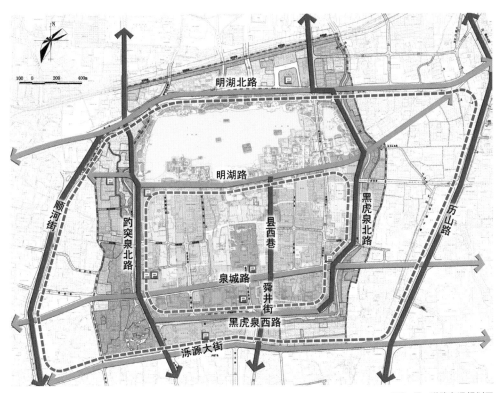

图3–47　道路交通规划图

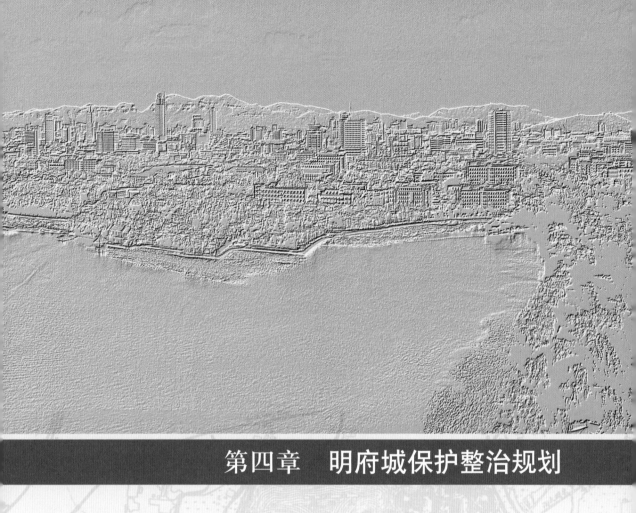

第四章　明府城保护整治规划

两院院士吴良镛先生指出："城市是一个有机体，对它的整治与改造应顺应原有的城市肌理，创造适应今日的生活环境，千万不可粗暴地大拆大改，否则城市失去了史迹，犹如人失去了记忆，沦为丧失历史遗迹的历史文化名城，居民的心理不能不受到影响。"①明府城是济南城市历史遗存最丰富、文化积淀最深厚的地区，切实保护文化遗存，延续文化基因，传递历史文化信息，造福于当代和后代，是制定明府城历史街区保护与更新规划的前提和根本。

第一节 基本思路和准则

一、以文化之"神"塑造街区空间之"形"

对街区所特有的历史建筑、传统街巷、名泉水系、文化空间、民居院落、传统习俗、民俗活动等物质与非物质空间要素和历史文化资源进行了全面梳理和分析研究，深入挖掘和准确认知街区所特有的街巷肌理、空间格局、历史遗存、泉水文化与非物质文化遗产特征，注重梳理和强化城市历史文脉特征和文化底蕴，挖掘城市特有的文化内核，如齐鲁文化、泉文化、市井文化、城市精神的传统和特征，并将其作为统领整个街区规划的思想内涵和指导理念，融贯到街区空间环境、街巷布局、泉池水系、景观环境的塑造中，确立了规划要突出"府、街、宅、泉、市"有机结合的文化主题。

府——对德王府、布政司、府学文庙等历史职能建筑进行恢复和保护（图4-1）；

街——对明府城内传统老街小巷进行保护和整治，使之成为民风民俗最有特色的载体（图4-2）；

宅——对明府城内留存的官府商贾宅院和传统特色民居进行修缮、改造和更新，体现特色人居环境，满足现代生活需要（图4-3）；

泉——对以珍珠泉、王府池子为重点的泉池及水系，进行梳理、保护和整治，再现"家家泉水、户户垂杨"的特色景观（图4-4）；

市——对以芙蓉街、茶市街、估衣市街、花店街为重点的传统商业街，进行恢复和改造，展现店铺林立、集市纷纷的繁荣景象（图4-5）。

注重街区所具有的传统文化精神和历史文脉特征的传承、延续和弘扬，以文化之"神"塑造街区空间之"形"，创造"神形兼备、内外兼修"的特色历史街区，再现"幽幽古巷绕古城，处处清泉伴人家"（图4-6、图4-7）的城市意向。

---

① 吴良镛. 人居环境科学导论. 北京：中国建筑工业出版社，2001.

府街宅泉市之**府**

殿宇鳞次，堂阁栉比

图4-1　府

府街宅泉市之**街**

朱门紧靠短桥斜，手际飘过片片花

图4-2　街

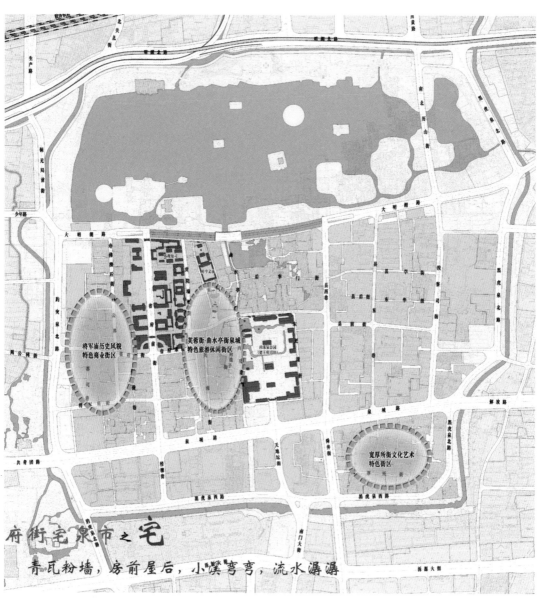

图4-3 宅

图4-4 泉

图4-5 市

图4-6 幽幽古巷

图4-7 清泉人家

二、整体保护、突出重点

坚持整体保护、有机更新的思路，实施从整体出发的保护措施，整体还原明府城传统历史文化风貌，维护明府城的整体风貌特色。

（一）历史文化街区

按照"整体保护、突出重点"的思路，确定重点对明府城内文化内涵和历史遗存最为丰富的三个具有典型代表性的历史文化街区和特色街区专门编制保护规划，进一步强化对芙蓉街—百花洲、将军庙和宽厚所街三个历史文化和特色街区的保护，明确划定各自重点保护区、风貌协调区、建设控制区的范围，严格执行不同等级的保护规定（图4-8）。

图4-8 历史文化街区保护规划图

（二）泉池水系

泉水为济南之魂，明府城泉眼众多，泉水经由渠、河，汇入大明湖，呈现出"水在石上流，人在水上走"的泉城风光。规划进一步加强对四大泉群泉水出露点、地下水脉、地表溪渠以及周边景观的保护和梳理（图4-9），像保护文物一样保护好泉水出露点的泉眼、泉池；划定泉脉保护区范围，禁止可能对泉脉造成破坏的深基础工程；对地表溪渠进行岸线恢复与渠底清淤，恢复"清泉石上流"的自然景观。

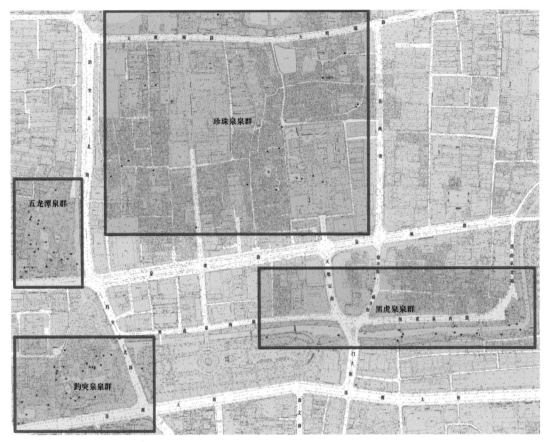

图4-9　四大泉群分布图

（三）传统街巷

坊巷制在明府城内留下了明显的痕迹，有的以行业命名，有的以常见物事命名，是民俗文化最合适的载体。据调查，府城内尚存的历史传统街巷56条（图4-10）。规划力求保护传统的社会空间网络及原有的街巷格局，保持其自然性、原真性、整体性，真实、全面地保存并延续其历史信息及文化价值。

三、修旧如旧、去伪存真

坚持"修旧如旧、去伪存真"的理念，在保护中更新，在更新中延续历史文脉，充分挖掘现存历史元素的潜力，延续明府城"文化记忆"。

（一）街巷格局

规划强调以"院落"为基本单元进行保护与更新，保留原有民居四合院的传统街巷形制，

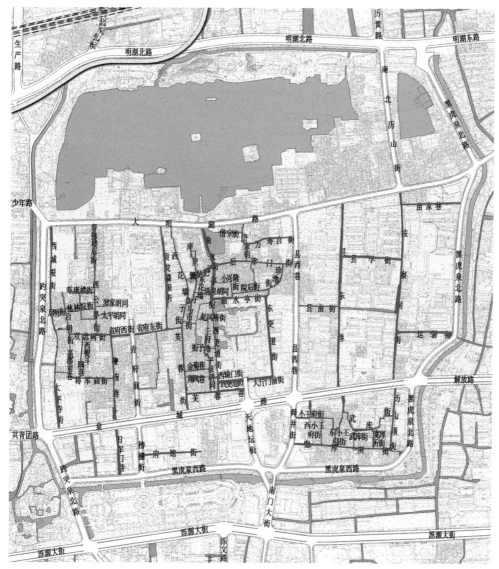

图4-10　现状传统街巷图

尽可能沿袭传统街巷的位置、走向和道路尺度，使街巷保持有机生长的自然形态，保持原有的街巷格局、胡同肌理、空间尺度和院落布局，危房的改造和更新采用修旧如旧的手法进行技术修复，不得破坏原有院落布局和胡同肌理（图4-11）。

（二）遗迹保护

规划对府城内17处省市级历史文物提出严格的保护要求，制定明确的保护措施。府学文庙是街区内最具有重要地位的历史遗迹，对它的保护修缮应严格按照文物保护法的相关规定进行，做到修旧如旧（图4-12）。加强对其他历史建筑的保护更新，修缮关帝庙，保护修缮后宰门基督教堂，复原将军庙庙宇文化区，设置城墙遗址文化休闲带等。对158处历史优秀建筑按照完全保存、局部保存、风貌整治和重建修复四种类型分别进行保护与改造。

图4-11　街巷格局整治效果图

图4-12　文庙大成殿效果图

（三）传统建筑

府城内绝大部分民居建筑为一般传统建筑，具有一定的历史信息和文化价值，是街区肌理的重要组成部分。规划将传统建筑划分为文物类建筑、保护类建筑、改善类建筑、保留类建筑、更新类建筑六种类型（图4-13），分别制定保护与更新措施。传统建筑的更新采用修旧如旧的方式，建筑处理采用传统民居元素、符号、构件，如墀头、花脊，济南特有的燕翅脊、裙板、石墙、罗汉窗等，配合部分钢结构、钢构架。色彩为灰砖、青瓦、白粉墙、局部木制构件等色彩。

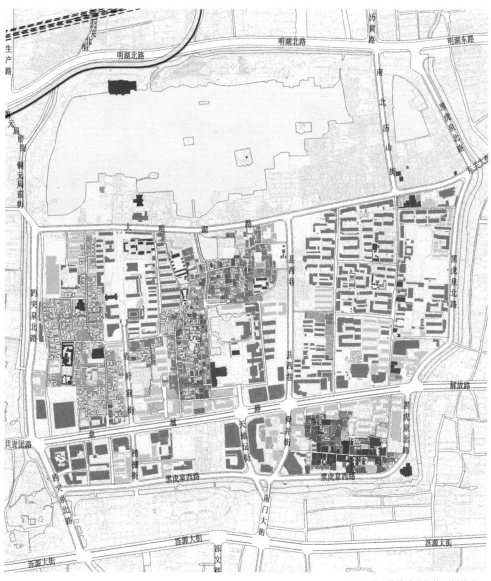

图4-13　传统建筑保护更新模式图

恢复符合街区历史文化特征和传统特色的建筑风貌（图4-14）。

（四）民居院落

规划保留传统四合院格局，采用修旧如旧的手法进行修复（图4-15～图4-17）。对保存较好并具有重要历史文化价值的院落采取拆除搭建、恢复历史格局的保护措施；对有泉池的院落，重点进行泉池清理和结合泉池的庭院空间设计；对一般院落，在维持街巷界面、尺度的前提下，更新、改造简陋陈旧的民居建筑，部分条件允许的可适量建设二层住宅以提高容积率；对于过分拥挤、破旧的院落进行拆除修整，仍以四合院的形式重建，功能置换为家庭式旅馆或文化展示、文化陈列、艺术馆等，复兴其文化功能；对民居四合院沿街立面进行整修，与周围环境和街区文化气息相协调。

图4-14　传统建筑更新效果图

图4-15　田家大院保护修复鸟瞰图

图4-16　万家大院保护修复鸟瞰图

图4-17　中西合璧风格民居鸟瞰图

四、持续整治、有机更新

按照分块小规模保护与更新的模式，采取插入式、填充式、更换式等持续性更新的方法（图4-18），保护历史街区的空间格局、传统风貌等历史特征，延续其主体功能和街巷肌理。保护与整治、延续与发展相结合，在保护整治的同时，以人为本，赋予其新的内容和活力，满足现代功能要求，在保护中更新、在更新中传承历史文脉，使历史保护与地区建设协调发展。

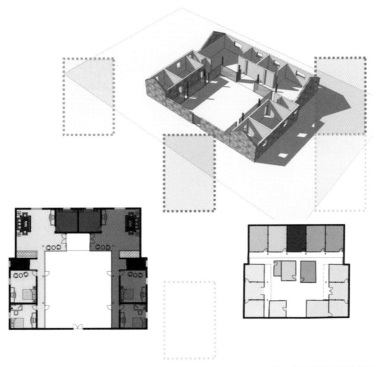

图4-18 典型院落更新模式图

第二节 芙蓉街—百花洲历史文化街区保护规划

一、现状概述

（一）区位和范围

芙蓉街—百花洲街区位于明府城中心区，南面以泉城路、珍珠泉北墙为界，北临明湖路，东面以县西巷、珍池街为界，西临贡院墙根街，现状占地总面积为24公顷。街区南望千佛山、黑虎泉，北揽大明湖，西闻趵突泉，是济南市自然人文的焦点所在。

（二）历史演变

芙蓉街—百花洲街区是济南从商周到西晋时期（公元前 1122 年 ~ 公元 313 年）最早发展起来的城市的主要部分。自晋以后到清末民初，直至 1904 年济南商埠区建立以前，该地区都是济南市行政、商贸和文化中心地区。新中国成立后，街区的传统商业功能逐渐衰退，一些机关单位及街区工业进入该地区，文庙等重要历史建筑遭到破坏、逐渐衰败，一些泉、井、渠道湮塞填埋。

20 世纪 70 ~ 80 年代，人口的压力剧增，住房短缺，居民和单位搭建违章房屋，使整个街区建筑环境质量下降。1985 年对该地区作了保护与改建规划研究，1986 年《济南市城市总体规划》将此街区划定为传统历史保护街区。

1997 年制定芙蓉街—百花洲地区保护规划，为全面保护、控制该地区，推动遗产保护工作打下了良好的基础。20 世纪 90 年代末，对街巷风貌的改善，对芙蓉街南段以及对整个街区内进行的改造，一定程度上带动了附近地段的商业发展。

2000 年后修缮复原府学文庙。2006 年前后，有关方面对芙蓉街、百花洲地区的部分街巷进行了整治、改造。

（三）街区文化遗存价值评估

芙蓉街—百花洲街区在历史、人文、科学研究方面具有极高价值，是古城济南现存唯一的保留较完整的最具传统特色的地区，是济南古城乃至中国历史文化的巨大财富。对它的价值评估可概括为世界人居环境的优秀案例、中国山水文化的典型代表、反映传统礼文化的古城格局核心片区、古城非物质文化的重要载体。

芙蓉街—百花洲历史文化街区物质文化遗产包括泉池水体、历史建筑、传统街巷三大方面（图 4-19），其中名泉水体 38 余处（图 4-20）、重要历史公共建筑 6 处（图 4-21）、重要历史商业建筑 7 处（图 4-22）、重要历史民居院落 8 处（图 4-23）、传统街巷 18 条（图 4-24）。

二、保护规划

（一）规划理念

高起点、高标准的定位拉动，以文化遗产价值评估为基础的整治更新，从大山水格局到局部地段的多层次规划设计，重点起步，有序开展的实施建议。

（二）功能结构

功能规划的主要内容是商业功能规划，从城市与街区两个层面考虑。

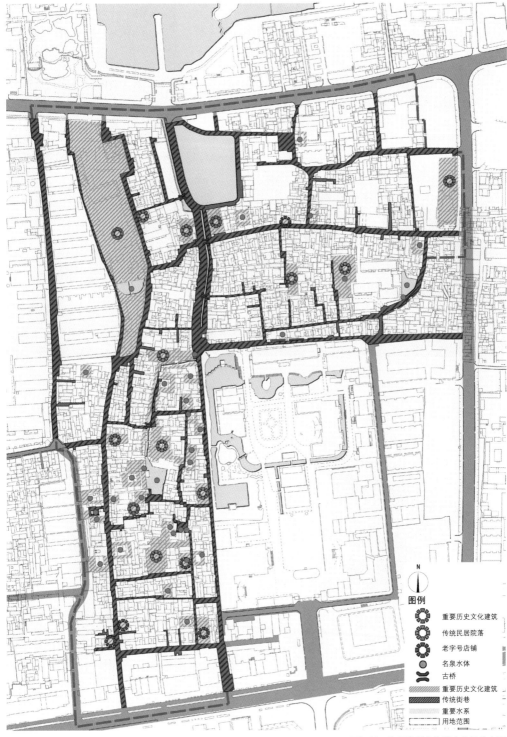

图4-19 街区物质文化遗产空间分布图

图4-20　起凤通幽

图4-21　府学文庙

图4-22　金菊巷1号燕喜堂旧址

图4-23　西更道街11号院

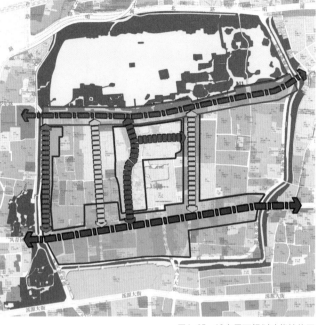

图4-24 平泉胡同　　　　　　　　　　　　　　　图4-25 城市层面规划功能结构图

1. 城市层面

根据现状商业设施分布及未来发展预测，对古城规划"两横四纵"的商业设施结构（图4-25）。

"两横"为沿泉城路商业轴和沿明湖路休闲文化轴；"四纵"为县西巷特色商业街、芙蓉街传统商业街、省府文化轴和趵突泉北路商业轴。芙蓉街及后宰门街内商业业态仍然强调以小规模、丰富性为主的传统特色商业，并具有一定的展示功能。

2. 街区层面

街区内主要打造四条特色意图街道（图4-26）：

（1）体现传统商业特色的芙蓉街：主要以小型的特色传统商业为主，在可能条件下鼓励功能用地的水平和竖向兼容和弹性。

（2）体现传统文化特色的曲水亭街—辘轳把子街：以文庙为依托，发展主要文化性商业及书吧、酒

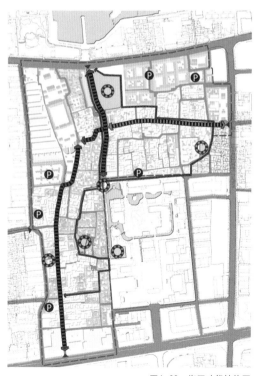

图4-26 街区功能结构图

吧、茶吧等，以文化休闲功能为主，严格限制餐饮，避免造成污染。

（3）王府池子—刘氏泉—百花洲的泉文化体验街：主要以居住功能为主，辅以少量商业文化建筑和公共开敞空间。

（4）后宰门传统商业展示街：恢复部分功能，并增加展示原有功能的小型展览馆。

（三）保护更新措施

保护古城整体格局：规划从保护古城整体格局的高度出发，保护街区的完整街巷肌理，保持重要的传统城市公共建筑间清晰的相对关系（图4-27、图4-28）。整体规划街区内泉水体系：系统地看待街区内所有泉池水体，建立"芙蓉街—百花洲街区泉水文化"的整体概念，恢复连通历史上街区内的重要水系（图4-29），整体塑造泉池水体的观赏环境（图4-30）。

图4-27 保护规划图

图4-28 鸟瞰图

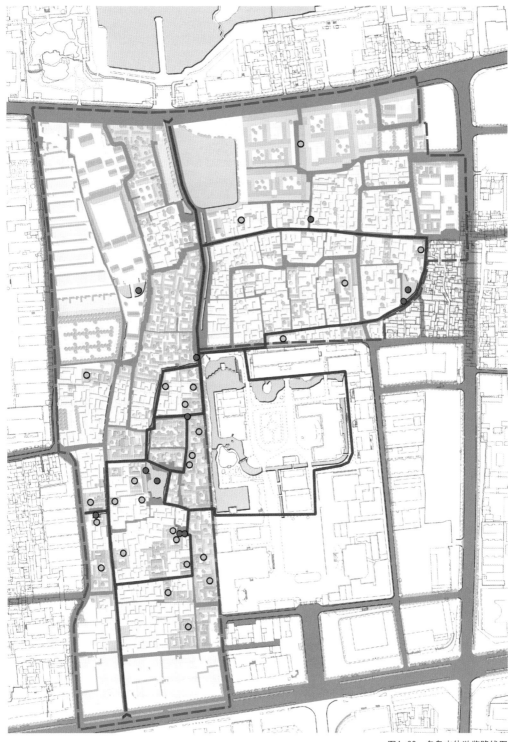

图4-29　名泉水体游览路线图

图4-30　规划水巷

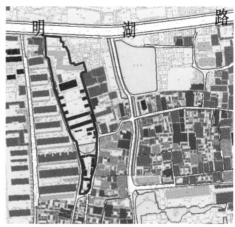

图4-31　文庙现状图

图4-32　泮池

图4-33　大成殿未修复时照片

三、重要节点更新整治方案

（一）文庙修复

济南府学文庙创建于宋熙宁年间（1068 ~ 1077 年），元末倾塌，明洪武二年（公元1369年）重建，明朝末年，建筑布局已臻于完善，其形制、规模如曲阜孔庙，清代对文庙的修葺不断，但基本保持了明朝文庙的规模和布局。整个府学文庙的建筑群规模宏大，颇为壮观，是一组相当完整的，与济南府城等级相当的官办学府的建筑群落，是济南历史文化很好的验证。

1. 现状问题

目前府学文庙内建筑已大多不存在（图4-31），现存有影壁、大成门、泮池（图4-32）及大成殿（图4-33）等建筑物，均在一条南北中轴线上，南北总长247米，最宽处66米。文庙现存古建筑群从影壁到大成殿布局依然基本完整，现存大门及大成殿均为明初建筑，在同类型建筑中建筑等级较高，建筑历史价值大。但因年久失修，大成殿已向东北倾斜，斗栱、飞檐梁枋以及琉璃瓦等如再不及时修整，就有倒塌的危险，这座具有历史价值、代表济南文明古城验证的古建筑将不复存在。

2. 保护范围

保护规划遵照"必须原址保护，保护现存文物原状与历史信息，对遗址内已破坏无存的建筑根据文献记载适当地恢复，以便形成完整的文庙群落"等措施（图4-34）。

划定西至府学西院街，东至庠门里，北至明湖路，南至马市街和西花墙子街北路口为保护范围，用地面积为1.2公顷。保护范围内原则上不得进行其他建设工程，如有特殊情况，须按法规程序报批。

划定西至贡院墙根街，东至曲水亭街，北至明湖路，南至马市街和西花墙子街北路口为建设控制地带。建设控制地带内的现状建筑物中对总体景观造成不良影响的应予以拆除或改建，新建建筑物的外观不得对景区总体景观造成不良的影响。

3. 功能分区

参照历史资料，依据历史遗存状况和功能划分，确定府学文庙保护修复区、府学文庙东西两侧附属功能区、配套服务区和环境协调区（图4-35）。

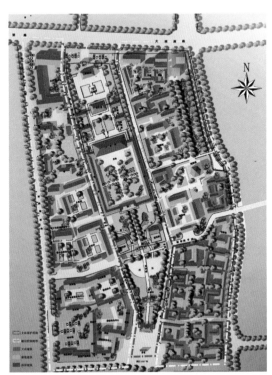

图4-34 保护范围图

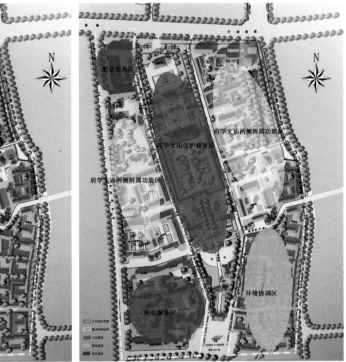

图4-35 功能分区图

（1）府学文庙保护、修复区　从南至北包括影壁、大门、棂星门、泮池、屏门、戟门、杏坛、大成殿、明伦堂、尊经阁以及东西殿庑、四斋院、六进院落。

（2）府学文庙东西两侧附属功能区　文庙以东、辘轳把子街以北恢复文献记载之文昌祠、启圣祠、魁星楼及学署。

文庙以西，府学西院街、毓秀坊以北恢复文献记载之乡贤祠、名宦祠及会馔堂，建六艺苑和青少年活动教育中心。

（3）配套服务区　西花墙子街以西建旅游服务中心、景区管理办公用房和停车场。

（4）环境协调区　东花墙子街以东为民居保护与整治区。

4. 建筑规划

对现存建筑大门、大成殿等按原貌加以修复，并按明代制式及文献记载增补、重建文庙建筑群内的主要建筑物。建筑风格延续大成殿的明代风格，使府学文庙中轴线上形成一组完整的文庙建筑群（图4-36），其中包括大门、棂星门、屏门、戟门、大成殿、明伦堂、尊经阁及两侧厢房建筑四斋院、碑亭等。

根据历史文献记载结合现状对文庙周边地区加以整治，改善文庙的周围环境，恢复重建各个祠、署、魁星楼等，恢复文庙建筑群落的完整格局，烘托出文庙建筑群落的宏大气势。

图4-36　文庙整体鸟瞰图

图4-37 文庙大门效果图　　　　　　　　　　　　　　　　　图4-38 大成殿效果图

5. 建筑风格

文庙始建于宋，但遗存建筑大门（图4-37）、大成殿（图4-38）均为明初建筑，故恢复、重建之建筑物均以明代建筑风格为主，中轴线建筑以歇山顶、庑殿顶为主，开间、进深、檐下斗栱出踩均要考虑与大成殿相匹配，两侧厢房以悬山顶为主。总的原则是：主轴线上的大成殿等级最高，其他次之，屋顶使用琉璃瓦。从而使整个建筑组群有主有次，层次分明。

庙东、西各祠考虑与文庙中轴线建筑相匹配，建筑等级要低于文庙主体建筑。其大门及正房以悬山为主，设檐廊，檐下设斗口跳斗栱。厢房设檐廊，不设斗栱，硬山顶，可采用黑瓦。屋顶举架，出檐大小仍按明初风格。学署为教官及学生住宅，建筑等级在祠以下，开间进深接近民居，硬山，不设斗栱，可采用黑瓦。

6. 建筑高度

建筑以一层为主，以府学文庙建筑为主，周边建筑起烘托作用，沿大明湖路部分因考虑到整个街景可设一层高建筑，其他可局部二层，控制建筑高度以满足大明湖至千佛山的风景视廊的通视要求，满足大明湖周边景观带的要求，建筑风格及空间尺度要符合古城区风貌环境的要求（图4-39）。

7. 维修开放

府学文庙大修工程于2005年9月10日正式启动，于2010年9月28日竣工并对外开放（图4-40 文庙韵致）。修复后的府学文庙成为文化传承的重要载体和明府城重要的文化旅游景点，丰富了明府城的文化内涵。先后举办了成人礼仪式、新年祈福会、开笔礼仪式、古琴展演等传统文化活动，切实发挥了"依托历史文化资源，传承优秀传统文化"的平台作用。

图4-39　明湖路沿街立面

图4-40　文庙韵致

图4-41　芙蓉街现状照片

（二）芙蓉街沿线更新整治

1. 现状问题

南段整治后风貌与传统建筑不符（图4-41）；北段的沿街建筑楼身严重倾斜，维护和承重构件朽烂或缺失，存在极大的安全隐患。南段仍遗留个别建筑须整治，北段整体须整治。沿街建筑立面外挂附属物杂乱无章（空调室外机、电表、广告招牌）；芙蓉泉周边环境杂乱，不能形成具有吸引力的公共开放空间；芙蓉街北端文庙南广场空间边界模糊，功能混乱，界面消极。

2. 更新整治内容

在对芙蓉街沿线现状问题深入分析的基础上，采取分期实施方法，对芙蓉街沿线进行整治更新。统一规划沿街建筑外立面外挂附属物，集中规划自行车停放区，采用传统尺度及方式进行地面铺装，塑造芙蓉街北端文庙南广场节点、芙蓉泉周边节点以及将军庙街东端与芙蓉街交叉口节点等（图4-42）。

3. 建筑更新整治

严格按保护规划确定的评估与保护措施对保护建筑与历史建筑进行维修；依据从芙蓉街传统风貌出发的立面整治方案，对现状立面逐步进行整治更新。

4. 芙蓉泉周边更新整治

整治周边建筑，拆除质量较差建筑及院落，改建为商业铺面，提高芙蓉泉周边空间的公共性；打通地段西侧规划道路与芙蓉街之间的通道，形成从西侧进入芙蓉街的步行通道，加强芙蓉街的可达性；改善铺装与绿化，保留现状芙蓉泉西北角的大树，在北侧商业店面前成排种植树木，通过改善铺装和绿化塑造商业广场和环芙蓉泉休闲活动广场；塑造繁华的芙蓉街边相对幽静的空间性格，恢复"一池新绿芙蓉水，矮几花阴坐著书"的独特意境（图4-43、图4-44）。

5. 芙蓉街北端文庙南广场节点

利用文庙前影壁将文庙南广场分为南北两区，北区结合种植，空间相对隔离，塑造庄重性格，形成文庙主入口广场；南区结合周边商业铺面开发，引导塑造传统文化特色商业界面；芙蓉街西侧延续建造两侧商业铺面，遮挡纪委六层宿舍楼；芙蓉街与马市街街口分别设置传统牌坊，清晰勾勒广场边界（图4-45、图4-46）。

6. 将军庙街东端与芙蓉街交叉口节点

规划拆除将军庙街通往芙蓉街的质量较差的院落，设计4.5米左右宽的步行通道，形成从西侧进入芙蓉街的主要入口通道。此通道可作临时机动车道。在将军庙街口设计入口广场，并设计牌坊，加强主入口的标志性。在通道两侧增设

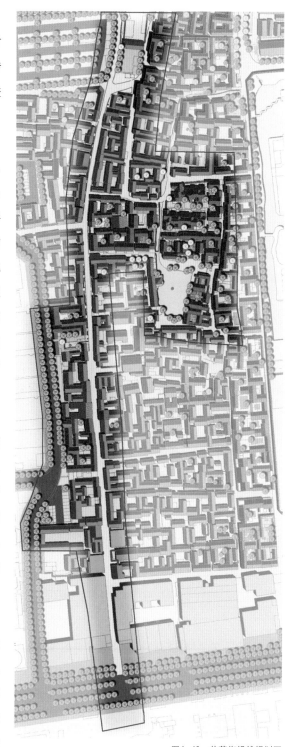

图4-42 芙蓉街沿线规划图

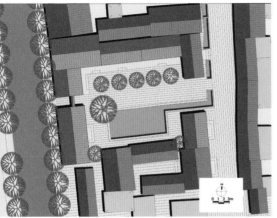

图4-43　芙蓉泉周边规划图　　　　　图4-44　芙蓉泉周边效果图

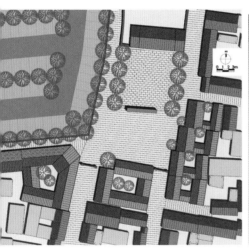

图4-45　文庙前广场规划图　　　　图4-46　文庙前广场规划效果图

商业铺面，使其与芙蓉街连接形成连续的积极界面。在主入口广场南侧设计小型停车场（图4-47、图4-48）。

（三）王府池子周边更新整治

王府池子得名于明德王府，经历史变迁后，它依然是芙蓉街街区内极富特色的水体之一。冬夏二季很多市民来此散步、垂钓与冬泳，带给王府池子极强的生命力，使其成为街区的灵魂。对王府池子周边的改造，目的在于改善周边居住条件，将其与芙蓉街更好地串联起来，提高王府池子的公共性，创造一个有活力的街区核心区片。

1. 现状问题

缺乏商业休闲功能体现其极佳的资源条件（图4-49），且与芙蓉街联系不紧密，公共性较

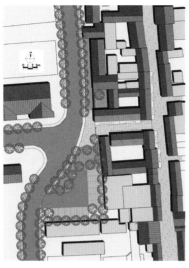

图4-47 将军庙街与芙蓉街交叉口节点规划图　　　　图4-48 将军庙街与芙蓉街交叉口节点效果图

图4-49 王府池子现状照片

低；周边民居质量差，基础设施条件亟待改善；王府池子至起凤桥水巷亲水性差。

2.设计理念

规划针对王府池子周边现状特征，提出梳理滨水公共空间，打造完整观水游线；控制容量，强调兼容，形成功能混合社区；细致调研产权人口，比对最佳回迁方案。规划制定了经济技术指标，对交通组织做出了合理规划，并重点对王府池子地段、起风桥街南住宅组团、关帝庙地块等几个重点区域提出了设计要点。

3. 环王府池子周边

西侧保护建筑，基本维持现状，临水复建濯缨亭为开放空间视觉焦点；东侧与北侧更新一层院落为商业休闲功能，东侧建筑临水界面较为开放，北侧主要以院内经营为主，保持相对封闭的风貌现状；细致刻画临水空间，可布置室外商业经营；王府池子水体北端至起凤泉水巷单侧扩大，游人可通过，提高亲水性，加强与起凤桥街的联系（图4-50、图4-51）。

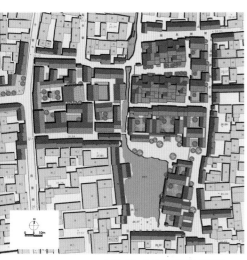

图4-50 王府池子周边规划图　　图4-51 王府池子周边规划效果图

4. 关帝庙周边

依托关帝庙发展特色文化商业，以经营文化旅游民俗商品和地方小吃等为主。南侧形成特色文化商业街，加强芙蓉街与王府池子的功能和视觉联系。关帝庙西侧设置水院，围绕景致独特的水院组织布局休闲餐饮功能。临水美人靠的建筑形式，丰富滨水巷景（图4-52、图4-53）。

（四）西更道沿线更新整治

1. 规划范围

北起刘氏泉，南至芙蓉巷，为西更道与平泉胡同、王府池子大街相夹范围，总规划面积约1.13公顷（图4-54）。

图4-52 从省府东街看关帝庙效果图

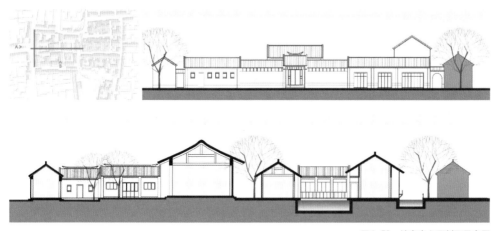

图4-53 关帝庙立面剖面示意图

2. 整治措施

规划对沿街建筑立面、街巷路面、绿化、开敞空间、市政设施等重点提出了详细的保护
整治措施。对街巷分别采取恢复、修缮、改建、加固等方法，进行传统风貌的保护整治；对
重点院落的保护规划采取拆除搭建、恢复历史格局的保护措施。对西更道南入口区域，在保

图4-54 西更道沿街规划图

图4-55 西更道南入口鸟瞰图

留大成永鞋帽店现有院落格局的基础上，进一步维修主体建筑，整治沿芙蓉巷立面。拆除其东侧风貌、质量均较差的建筑，形成开放广场空间，展现大成永鞋帽店富有特色的东侧立面。同时结合大成永鞋帽店北至西辕门1、3号的居住院落更新改造，形成区域性的城市景观效果。广场设计采用具有传统韵味的景观要素，结合现代景观构图形式，形成与传统建筑空间的适度对比（图4-55、图4-56）。改造西更道东侧围墙，将珍珠泉水面和绿化透露出来，扩展空间，改善环境（图4-57）。

（五）曲水亭街

曲水亭街北靠大明湖、南接西更道、东望德王府北门、西邻文庙。从珍珠泉和王府池子而来的泉水汇成河，与曲水亭街相依，一边是青砖碎瓦的老屋，一边是绿藻飘摇的清泉，临泉人家在这里淘米濯衣（图4-58、图4-59）。在这里，"家家泉水、户户垂杨"才有了完美的注解。

规划在曲水亭街南头将濯缨湖水通过涵洞引出，流经棋室茶社，再流入曲水亭明渠，在转角处设一组四合院，沿水池部分为水榭，跨池建六角重檐亭，再现当年文人墨客品茗对弈，饮酒作赋的情景（图4-60～图4-62）。

图4-56　西更道沿街整治效果图

图4-57　开放的珍珠泉公园

图4-59　小桥流水

图4-58　曲水亭街

图4-60　曲水亭茶社

图4-61　曲水亭街效果图

图4-62 曲水亭街鸟瞰图

（六）百花洲

百花洲西邻曲水亭街，南侧及其东侧有基督教堂和济南四合院民居，是"家家泉水、户户垂杨"韵味的集中代表地带。百花洲现有水面0.63公顷，水质清澈，岸边垂柳环绕，景色宜人（图4-63）。珍珠泉、王府池子等泉水经曲水亭等明渠汇至百花洲，流入大明湖。

图4-63 百花洲

图4-64 百花洲片区规划总平面图

图4-65 百花洲片区鸟瞰图

图4-66 泉池明渠水体建筑景观

1. 规划范围

东至泉乐坊、岱宗街，西至庠门里街，南至万寿宫街、后宰门街，北至明湖路。总用地面积5.6公顷。

2. 整治措施

保护并合理利用历史遗存，增加街区的真实性。对地段内的7条传统街巷、6处名泉水体及10处传统建筑进行保护及环境整治（图4-64）；在街区的更新中，保留建筑与新建建筑通过院落有机结合成新的功能体，并将保留下来的济南传统的建筑构件或材料与新建筑结合使用（图4-65）。

完善与提升泉池水系，建立沟通珍珠泉、珍池及地块内各处水体的明渠系统，将水景观营造与提高雨水蓄积能力有机结合，在街区内部适当扩大水体面积，在地段中部形成以明渠与百花洲相连的开放水面，并以此为中心形成泉、渠、湖点线面结合的、连续的景观水网系统（图4-66）。

延续具有泉城传统特色的整体风貌。控制围湖建筑界面风貌为连续的、展现传统的白墙黑瓦、以实墙面为主的低矮民居风貌；以泉池为主题塑造周边环境，形成街区内部开放景观水面、院落泉井、水院等多种泉体空间（图4-67）。

结合空间特征合理布局功能，挖掘并选择性恢复历史文化空间，丰富街区活力与文化内涵（图4-68）。

图4-67　芙蕖映绿

图4-68　富有活力的开放空间

优化街区内交通与市政设施，以支撑街区新的功能。街区外围解决机动车，内部形成以步行为主的交通系统，同时考虑服务性交通的需要，规划后宰门街、岱宗街、万寿宫街、西胡同等为限时交通。在地段东侧临明湖路布置地下一层停车库，约可停120辆机动车。

第三节　将军庙历史文化街区保护规划

一、现状概述

（一）规划范围与区位

将军庙街区位于明府城西北部，南依济南最重要的商业街——泉城路，北接景色旖旎的大明湖景区，历史遗存丰富，地理位置极佳。研究范围东起鞭指巷，西至趵突泉北路，南起泉城路，北至明湖路，基地呈南北狭长形，南北长约 800 米，东西宽约 250 米，总面积约为 20 公顷。

（二）历史沿革

将军庙地区因内有始建于清代的将军庙而得名。由于基地紧邻济南城西南的泺源门，独得水运交通之便，因此自古以来即是济南经济文化交流的窗口与繁华之地，形成了独具特色的宗教一条街，此外它东近衙署，历代为官员、商贾的居住地，名宅深院鳞次栉比。作为济南现存的历史文化积淀最为深厚的地区之一，将军庙地区不仅保存了基本的历史街巷格局，而且存有天主教堂、题壁堂、慈云观、将军庙等众多中西传统庙宇和众多各个历史时期的宅地院落（图4-69、图4-70），留下了诸多名人遗迹。这些珍贵的历史文化遗存不仅是济南不断演变发展的历史见证，也是亟待开发的历史文化资源宝库。另一方面，将军庙地区目前正在经受着衰败与破坏，优越的区位条件和资源优势未能较好地转化为现实的社会经济综合效益。

（三）价值评估

1. 街区历史文化遗存丰富，历史空间格局保存较为完整

街区内拥有市级文物保护单位、重要历史建筑、独特的宗教建筑遗存、部分传统水系以及济南市现存的唯一一段明代城墙残迹，街区内传统街巷肌理犹存，院落格局相对完整。

2. 街区区位优势明显，社会经济发展蕴含巨大潜力

街区历史条件显著，为连接老城与商埠的重要节点，其基本格局及其作为城市中心的基本地位并未有太多变化；街区现代条件独特，蕴含着难以估量的巨大社会经济发展潜力。

图4-69　将军庙天主教堂

图4-70　将军庙天主教堂

3. 街区价值总体定位

街区是中西文化交汇与融合的历史见证，天主教在济南传播发展的源点，济南古城因泉成街的历史空间格局特色的生动案例，以及济南民俗文化的典型代表。

二、保护规划

（一）规划理念与构思

规划采取持续性更新的理念，即恪守逐步演化和动态延续的保护理念，采取分块小规模保护与更新的方法，一方面保护历史城区的格局、风貌等历史特征，一方面延伸或延续其主体功能（图4-71）。

"明湖水注，庙堂临风"。保护历史遗存，恢复小明湖，注入新功能，增加展示面（图4-72）。

（二）片区划分与功能定位

整个将军庙地区依据历史遗存状况和规划功能定位划分为南、中、北、西四个片区，分别为传统商业文化综合区（南区）、庙堂文化区（中区）、城墙风光带（西区）、小明湖商办区（北区）。规划设计了一条贯穿南北的功能与景观主轴以及若干条东西向次轴，并通过设计手法使它串联起了各功能区内的文化与历史景点，使将军庙地区成为一个有机的、功能与景观相统一的整体（图4-73）。

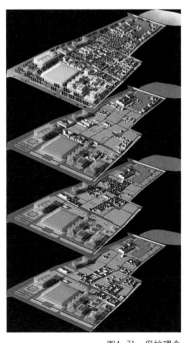

图4-71 保护理念

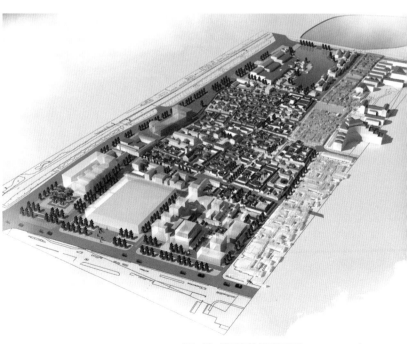

图4-72 街区保护规划鸟瞰图

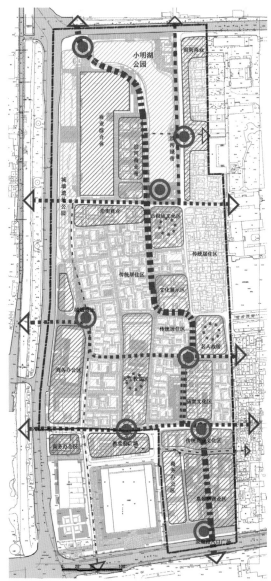

图4-73 功能分区图

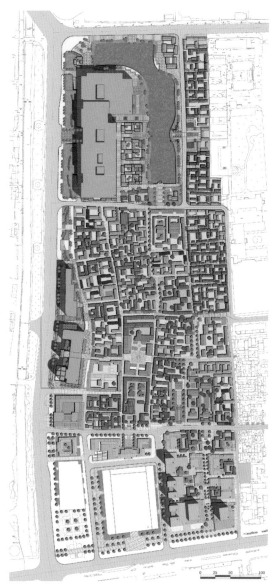

图4-74 街区保护规划图

(三)街区规划(图4-74)

1.传统商业文化综合区

将军庙街以南,泉城路以北,鞭指巷以西区域。该区南部紧邻济南市最繁华的商业街——泉城路,区内房屋多为新中国成立后所建,质量与风貌都较差,为充分挖掘地区商业潜能,将该地区功能定位为商业办公和文化娱乐用地。它同北部的庙堂文化区一起构成了将军庙地区最重要的功能性景观区域，它们之间以广场和绿地碧水相连，形成了一个珠联璧合的有机整体，使该片的区位条件与历史文化资源得到了最为淋漓尽致的发挥与弘扬，成为展示历史城区风采的窗口，也为地区的发展注入了新的活力。

2. 庙堂文化区

将军庙街以北，寿康楼街以南，西城根街以东，鞭指巷及省府西墙以西。将军庙街沿线庙宇林立，应修复区域内部的庙宇历史遗迹，拓展和梳理其寺院格局与轴线，从而使其序列更加完整与优美、游线更加通畅，构建以天主教堂为核心的庙堂文化区，发挥其宗教及民俗文化旅游资源。重点修复区域内部三处市级文物保护单位——天主教堂、题壁堂、陈冕状元府，分别作为教堂活动中心、戏台观演空间、状元文化展示馆。将慈云观开辟为开放式遗址公园，形成一条南北向主轴线，沿线增加一些公共设施、商业、绿地广场等。

区内的一些民居院落无论从整体，还是单体角度都具有较高的保护价值，充分反映了济南民居的特色，可将功能调整为文化展示或商业等，利用原有建筑开设私人陈列馆、艺术馆、茶馆、酒吧等项目，服务于游客及地区居民。区内用地仍以居住为主，在双忠泉和广福泉等泉水处增加主题广场与绿地，为居民平时生活提供休闲场所，它们作为城市设计要素与功能要素都起到活跃整个街区的作用。

3. 小明湖商办区

明湖路以南，寿康楼街以北，省府西墙以西，趵突泉北路以东。经考证，该区历史上曾为南湖景区，与大明湖相连，建议恢复南湖以提升片区的生态及历史环境品质。该片区建筑现状多为新中国成立后建设的房屋，质量与风貌都较差，考虑到紧邻大明湖的区位优势与升值潜力，建议对该地区进行整体改造，规划为休闲商业区，结合恢复的南湖水域设置相应的现代文化休闲娱乐等功能，充分满足现代生活的需要。

4. 城墙风光带

寿康楼街以南，将军庙街以北，西城根街以西，趵突泉北路以东。片区形状狭长，紧邻城市主干路，现状以新建商业建筑为主，高度6～7层，片区内现存历史城区墙遗址。改造后仍保留片区以商业办公为主的功能定位，拆除沿西城根街的上岛咖啡、婚纱店、乾盛号饺子三栋建筑物，设计成为开敞绿地作为地区的西入口，绿化带向南延伸至历史城墙遗址形成城墙风光带。可利用地段两侧（城墙上下）约2米的高差通过连廊设计丰富空间效果。

三、重点街巷更新整治

对将军庙街区的将军庙街和鞭指巷这两条重点街巷提出更新整治方案。

（一）现状问题

将军庙街只有巍峨的教堂依然屹立，沿街其他建筑破旧不堪，亟待维修，历史风貌破损严重（图4-75）。

（二）更新整治内容

向西打通将军庙街到趵北路，形成面向护城河的西入口广场（图4-76）；改造建设西入口南北两地块，建设两组低层商业休闲建筑；将沃尔玛北侧空地改造建设为旅游购物与休闲设施；在天主教堂对面规划对景绿化广场；对南区现状天主教堂进行环境整治，修缮保护文物建筑（图4-77）；迁出教堂北区的企业和居民，恢复教堂使用功能；搬迁状元府现状居民，对状元府文物建筑进行修缮保护，拆除搭建建筑，规划为状元文化展示馆；对鞭指巷两侧较有特色的民居院落进行修缮整治，开设各类小型博物馆、艺术馆、民俗馆（图4-78）。

图4-75 将军庙街现状照片　　图4-76 将军庙街、鞭指巷沿线整治规划图

图4-77 将军庙天主教堂内院

图4-78 院落修复透视图

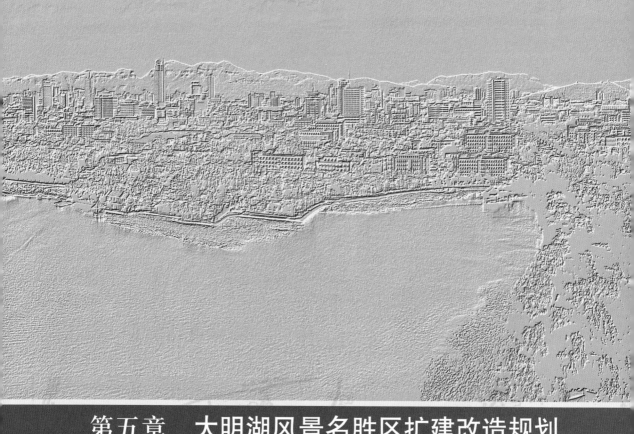

第五章 大明湖风景名胜区扩建改造规划

大明湖风景区是以对济南文化产生影响的历史文物为传承的"名士文化"为文化主题，以自然景观以及文化古迹、街巷民居建筑等人文景观为其风景特色，集游赏观光、休闲娱乐、科学文化传播和爱国主义教育等内容为一体的，代表泉城特色风貌的半开放式城市型省级风景名胜区（图5-1）。

图5-1　大明湖风景名胜区

第一节　历史积淀和景观特色

一、历史变迁

大明湖历史悠久，古称历水陂、莲子湖、西湖等。唐宋时大明湖范围很大，南面包括百花洲，并与濯缨湖（王府池子）相连，北通鹊山湖。宋熙宁五年（1072年），齐州知州曾巩为防水患，浚湖修渠，建北水门，筑百花堤遂成今日基本雏形（图5-2）[1]。金代文学家元好问在《济南行纪》中始称大明湖，至今已有1400多年的历史[2]。明清两代，修筑亭台楼阁，植荷种柳，形成"四面荷花三面柳，一城山色半城湖"的秀丽景色（图5-3）。

①　高凤胜，周长风. 济南历史文化概观. 济南：黄河出版社，2002：146.
②　孔宪雷. 泉城风景名胜. 香港：天马图书有限公司，2000：32.

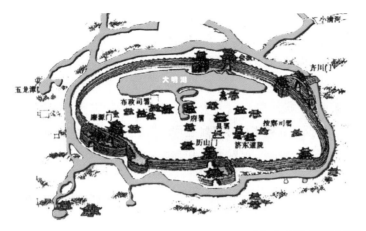

图5-2 明清时期的大明湖

图5-3 旧时的大明湖景色

　　新中国成立前，大明湖被分割成块块湖田，湖里阡陌交横，地主各栽芦苇为界，游船只好在湖中曲折行进，人们的视线被芦苇和树木遮挡，不能极目远望[①]。其面积俗称"九顷十八亩"（合61.2公顷），至1948年，湖面缩小为45.27公顷[②]。

　　新中国成立后，湖田划归国有，进行了铲除田埂、净化湖面、疏浚湖水，成为今天湖面开阔、水势浩淼的样子[③]，大明湖于1958年正式辟为公园（图5-4），现有公园面积74公顷，其中湖面46公顷，2003年被确定为省级风景名胜区（图5-5）。

①　山曼. 济南城市民俗. 济南：济南出版社，2001：26.

②　高凤胜，周长风. 济南历史文化概观. 济南：黄河出版社，2002：146.

③　山曼. 济南城市民俗. 济南：济南出版社，2001：26.

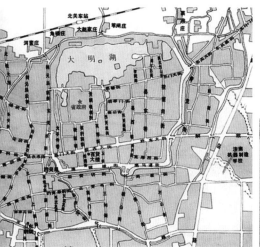

图5-4　1956年的大明湖

图5-5　大明湖开阔的水面

图5-6　历下亭

二、人文内涵

　　大明湖是历代名士荟萃之地，有许多纪念古人政绩、行踪的建筑以及自然景观，诸如历下亭、铁公祠、小沧浪、北极阁、汇波楼、南丰祠、遐园、稼轩祠等，都具有浓厚的文化内涵。

　　湖心岛上的历下亭，四面环水，绿柳绕岸。亭矗立在岛的中央，八角重檐，蔚为大观；檐悬清乾隆皇帝书写的"历下亭"匾额；杜甫诗句、何绍基书写的"海右此亭古，济南名士多"就刻在历下亭大门为楹联（图5-6）。亭北的"名士轩"是历代文人雅士宴集的地方，楹柱上悬挂当代大文豪郭沫若手写的楹联"杨柳春风万方极乐，芙蕖秋月一片大明"（图5-7）。整个岛上（图5-8），亭台轩廊，高低错落，花木扶疏，古树参天，被称为历下八景之一的"历下秋风"。①

---

① 高凤胜，周长风．济南历史文化概观．济南：黄河出版社，2002：146.

图5-7 名士轩

图5-8 湖心岛

图5-9 铁公祠

图5-10 小沧浪

　　位于大明湖西北隅的铁公祠，包括铁公祠、八角亭、湖山一览楼、小沧浪等建筑，整个院落由曲廊相围，是一处玲珑秀丽的园中园（图5-9）。小沧浪亭居园中临湖处（图5-10），西门内旁壁上有清书法家铁保书写的"四面荷花三面柳，一城山色半城湖"石刻楹联。三面荷塘、四面柳浪、小桥流水、莲花溢香[①]，立亭上远眺，全湖风光尽收眼底。如在深秋清明之日，亭前如镜的湖面上，还会出现"佛山倒影"的奇特景象（图5-11、图5-12）[②]。

图5-11 1975年佛山倒影

图5-12 2003年佛山倒影

① 孔宪雷. 泉城风景名胜. 香港：天马图书有限公司，2000：32.
② 山曼. 济南城市民俗. 济南：济南出版社，2001：26.

图5-13 北极阁

图5-14 汇波楼

　　大明湖东北岸的北极阁（又称北极庙），是一座建在高台上的道教庙宇，门前有35级台阶（图5-13）。站在北极台上，远可眺望南面重峦叠嶂的群山，近可观赏秀丽多姿的景观。

　　此外，还有大明湖南岸为纪念著名爱国词人辛弃疾而改建的稼轩祠，大明湖东北岸有为济南宋代著名文学家曾巩而建的南丰祠，北水门上的汇波楼等等（图5-14、图5-15），它们以其独特的风貌和动人的史迹为大明湖增光添彩。

图5-15 月下亭

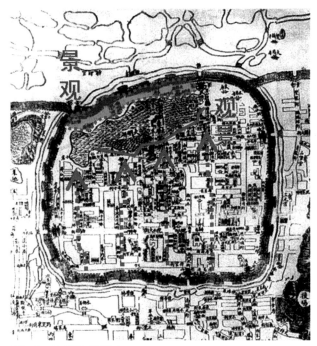

图5-16　大明湖宏观结构图

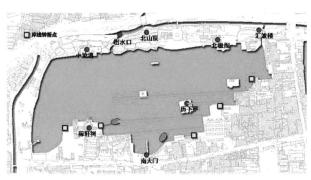

图5-17　大明湖曲折的南部岸线

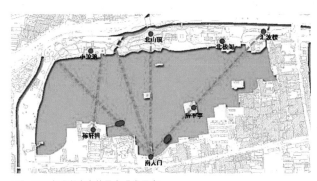

图5-18　大明湖丰富的景点观赏层次

三、布局特点

大明湖作为古时的城中湖，其宏观结构与古城整体结构完美契合（图5-16）。北部岸线平缓开阔，景点集中，为"被观赏区"；南部岸线与古城连接紧密，可达性好，为"观景区"，岸线曲折多变，提供了丰富的观景可能。因受城内面积所限，大明湖南部岸线有意设计曲折，从而延长了"观赏面"的长度，岸线的转折长度与景点结合，达到良好观景效果（图5-17）。

大明湖是明府城内最主要的开敞空间。其主体水面东西长约1200米，南北宽约600米，1200米正好能使大明湖产生开阔的视觉效果。大明湖中三个最重要控制性建筑的位置，一是在大明湖正门（现在的南门）处的岸边，另外两个是在大明湖北岸，一为铁公祠，一为北极阁，三个控制点的空间距离接近等边三角形。大明湖水体空间中最重要的岛屿是历下亭，处在由大明湖正门入口南岸看对岸的制高点——北极阁的视线连线上，景深层次分明，从而达到景物依次呈现的实际观赏效果（图5-18）。

四、景观特色

大明湖，风景秀丽。岸上翠柳蔽日，清风微吹；湖中荷花似锦，片片葱绿，水面小舟争渡，画舫徐行；亭台楼榭隐现其间（图5-19、图5-20）。13世纪，意大利

图5-19 大明湖风光

图5-20 大明湖秀丽风光

图5-21 开阔的湖面

著名旅行家马可·波罗，在他的《中国游记》中也赞扬大明湖说："园林美丽，堪悦心目，山色湖光，应接不暇。"[1]

（一）水

大明湖的湖水水源来自市区四大泉群，然后由北水门泄出，流入小清河，东注渤海[2]。湖水面积46公顷（图5-21），水深平均3米，滨湖游览面积35公顷。湖内荷、蒲、苇等水生植物种植面积占湖面的80％以上[3]。湖底为不透水的火成岩，泉水不能下泄，再加合理的排水系统，便形成了"淫雨不涨，久旱不涸"，[4]长年保持较稳定的水位。因此大明湖是国内唯一由泉水汇集而成的湖面。

（二）绿

大明湖自古以来即以广植杨柳取胜，沿湖800余株垂柳环绕，有树龄在百年以上的古柳1300余株，多为垂柳，少数是旱柳和龙爪柳。这些古柳，枝繁叶茂、郁郁葱葱（图5-22），分别生长在湖水岸边和湖中的历下亭、湖心亭等六个岛上[5]。同时，为使大明湖神韵独具又不

① 孔宪雷. 泉城风景名胜. 香港：天马图书有限公司，2000：32.

② 孔宪雷. 泉城风景名胜. 香港：天马图书有限公司，2000：32.

③ 高凤胜，周长风. 济南历史文化概观. 济南：黄河出版社，2002：146.

④ 孔宪雷. 泉城风景名胜. 香港：天马图书有限公司，2000：32.

⑤ 许评. 泉城风景线. 济南：济南出版社，2001：82.

图5-22　明湖垂柳　　　　　　　　　　　　　　　　图5-23　明湖绿意

失单调，也栽植其他观赏树、风景树等 105 个品种的常绿乔木、灌木等[1]，形成多样化的绿化景观（图 5-23）。

南岸线目前的白杨，由于自身尺度过大，对大明湖水面的尺度产生了不利的影响；但是另一方面高大的白杨树也遮挡了部分城市高层建筑，因此可以在种植规划中对植栽进行一些调整，沿岸以垂柳为主，稍远处可以通过栽植白杨等高大树种遮蔽城市高层建筑对于景区的破坏。

（三）花

大明湖有 40 余亩白荷红莲，是大明湖独有的优良品种，形成"接天莲叶无穷碧，映日荷花别样红"的绚丽壮阔的荷花荡。曾巩的"杨柳巧含烟景合，芙蓉争带露花开"、"最喜晚凉风月好，紫荷香里听泉声"贴切地反映出荷花盛开的大明湖的特色（图 5-24、图 5-25）[2]。

图5-24　明湖荷花荡　　　　　图5-25　荷花盛开

①　许评. 泉城风景线. 济南：济南出版社，2001：82.
②　许评. 泉城风景线. 济南：济南出版社，2001：82.

图5-26 奇石馆

图5-27 雨荷亭

图5-28 大明湖西岸的摩天轮

图5-29 大明湖南望千佛山视廊现状照片

（四）建筑

大明湖公园内现有建筑已经过几次维修或翻新，基本保持原风貌，北岸的小沧浪、北极阁、南丰祠、汇波楼都是大明湖重要的景观建筑，近几年由于功能需要新建的一些景观建筑，西南门、东门、奇石馆（图5-26）、明湖楼、天香园、雨荷亭（图5-27）等基本上是按照传统的风格建造的，与环境相对协调。但公园林荫休憩环境与设施相对缺乏，地面铺装质量须改善。另外园内的海底世界、百米喷泉、龙艇、游乐场及临湖一些与景观不协调、档次太低的临时设施都有损大明湖沿岸景观（图5-28）。

（五）景

大明湖南部高层建筑部分遮挡"佛山倒影"景观视廊（图5-29），高层建筑围合，改变了大明湖的空间尺度，破坏了明湖南岸的天际线，使得著名的历史景观"佛山倒影"支离破碎。

第二节 用地扩展与规划布局

一、用地扩展

大明湖风景名胜区现有用地面积74公顷，其中湖面46公顷，约占总面积的62%。规划在现有用地基础上向东扩建至黑虎泉西路，向南扩建至明湖路，扩建后用地面积达到103.4公顷，新增湖面9.4公顷、陆地20公顷（图5-30）。

二、功能提升

扩建后的大明湖将由"园中湖"变为"城中湖"，实现与护城河全面通航，为广大市民和游人提供良好的休闲、健身、游览环境和亲水空间，形成环湖休闲游览景观线，强化大明湖作为泉城特色标志区的景观核心作用，达到彰显泉城特色、延续历史文脉、提升景观效果、完善服务功能、增强城市活力的效果。根据大明湖的景源布局特点及游线组织方式，将大明

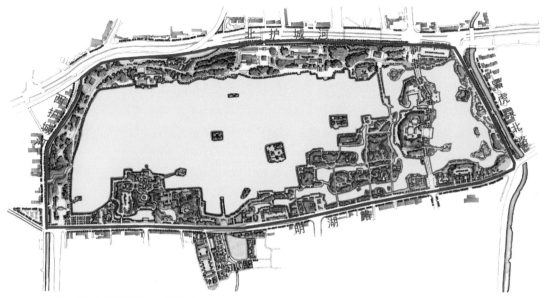

图5-30　大明湖风景名胜区区位图

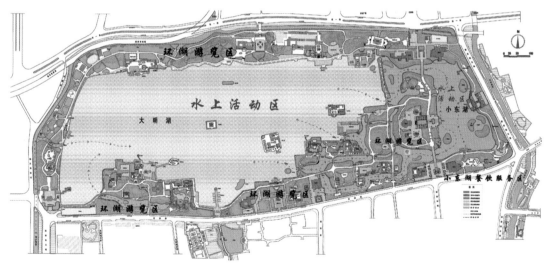

图5-31　大明湖功能分区图

湖风景名胜区规划为水上活动区、环湖游览区及小东湖餐饮服务区（图 5-31）。水上活动区面积 60.16 公顷，是大明湖主要的游览内容，沿湖岸线与湖中岛屿之间形成了多个水上游览线路。环湖游览区面积 37.82 公顷。环湖游览区除沿湖观赏湖水风光之外，可进入园中园游览，园中园景区文化主题多样，体现泉城风貌及多彩的滨湖水景魅力。小东湖餐饮服务区 5.42 公顷，为景区主要的餐饮服务区，游人观光后在湖边就餐。

三、规划布局

规划布局为一路、两湖、六园。"一路"是指环湖游览道路；"两湖"为大明湖主体水面和小东湖水面；"六园"为沿大明湖湖岸线分布的六个主题景园——稼轩园、遐园、秋柳园、湖居园、小淇园和民俗文化园。规划在大明湖南岸和东岸建设七桥风月、秋柳含烟、明昌晨钟、稼轩悠韵、竹港清风、超然致远、曾堤萦水、鸟啼绿荫等八个新景区（图5-32）。

结合大明湖公园现状，有机地将扩建部分沿湖岸线形成完整的沿湖观景环线（图5-33、图5-34），使园中湖变为城中湖。继承发扬济南传统文化，保留整理南岸民居、街巷，为老民居、旧街巷赋予新的功能和内涵（图5-35）。

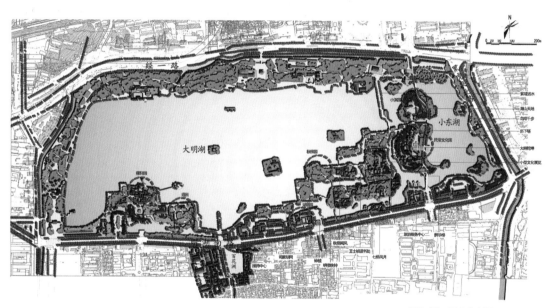

图5-32　景点分布图

图5-33　沿湖观景岸线

图5-34　沿湖观景岸线

图5-35　东玉斌府及灰山处鸟瞰图

第三节　主要景区与重要景点

一、六园

(一) 稼轩园

园内原有稼轩祠，后改为辛弃疾纪念堂（图5-36）。规划在稼轩祠之南，自西向东开凿自然式水面，引湖水入池为"幼安池"。池南与明湖路有绿化带相隔（图5-37）。

图5-36　稼轩祠

图5-37　幼安池

（二）退园

退园于清光绪三十四年兴建，园内建筑现大多残毁，规划复原退园历史建筑（图5-38），保留奎虚书藏楼（图5-39），改造现有亭廊、小溪、自然假山、水池、铺地与树木花卉（图5-40、图5-41）。

（三）秋柳园

秋柳园位于大明湖公园东南岸，是清初诗人王士祯读书的地方。保留原有街巷的几处门楼、院落、街名、石板路，再现明湖十八景之"秋柳遗风"（图5-42 ～图5-44）。

图5-38　退园　　　　　　　图5-39　奎虚书藏楼

图5-40　退园内景　　　　　　图5-41　退园一隅

图5-42　秋柳园

图5-43　秋柳园街

图5-44 秋柳意境

图5-45 秋柳桥看明湖居

（四）湖居园

湖居园位于秋柳园南侧，规划恢复以"明湖居"为主的曲艺活动场所，以山东曲艺演出为主，并与品茶、餐饮相结合（图5-45）。

（五）小淇园

古时大明湖东南岸有一片大竹林，万竿参天，拂云蔽日。明代著名大臣赵世卿曾在此竹林附近建小淇园，是当时济南著名的园林和觞咏胜地。这次大明湖扩建改造在曾堤和东湖之间、鹊华路北段恢复了这一历史景观，茂林修竹，耸秀堆翠，竹篁碧绿沁人，林中石砌曲径蜿蜒（图5-46 ~ 图5-48）。

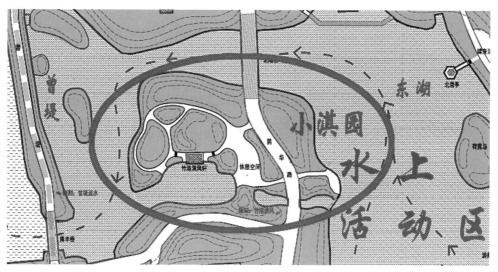

图5-46 小淇园平面图

图5-47 小淇园绿化景观1

图5-48 小淇园绿化景观2

图5-49 民俗文化园平面图

图5-50 远眺超然楼

图5-51 博艺堂

（六）民俗文化园

位于鹊华路中心地段，该园的主体建筑是高51.8米的超然楼，该楼是大明湖超然致远景点的载体，与超然楼相连的是博艺堂，为恢复重建的遐园文物展览室。该园主要展示济南泉文化、城市园林文化及老济南的民俗文化（图5-49～图5-51）。

二、八景

（一）七桥风月

语出曾巩《离齐州后五首》："将家须向习池游，难放西湖十顷秋。从此七桥风与月，

图5-52 七桥风月

梦魂长到木兰舟。"七桥风月为大明湖南岸中部景点，主要包括七座景观桥，溪流环绕，曲桥卧波，别有风致。此处溪流环绕，尺度小巧多变，由旧胡同转变而来的景区内小路穿溪之处设小桥若干，均有出处，各有风致，合曰七桥风月（图5-52）。

（二）秋柳含烟

以纪念清初著名诗人王士禛为主题，包括秋柳园、秋柳诗社等，塑造了"青石板作纸，杨柳枝为毫，明湖水泼墨，秋柳诗成行"的秋柳风情。秋柳园临水而建，视野开阔，可赋予文化展览建筑功能（图5-53）。

（三）明昌晨钟

因紧靠钟楼遗迹得名的明楼晚钟为大明湖南岸钟楼周边景点，在保护司家老井及历史建筑的基础上，增设一组以明湖居为主题的商业文化建筑群，塑造钟楼广场，突出活跃繁华的市井气氛。这里是游客和市民赏戏、休闲、体验泉城民俗风情的场所（图5-54）。

（四）竹港清风

大明湖东门南部景区，主要包括依据历史记载复建的小沧园等，里面修竹成林，曲径蜿蜒，景观内向幽静。堆山理水形成湖中湖，水形方正，以小喻大。内设小沧园等（图5-55）。

图5-53 秋柳含烟

图5-54 明昌晨钟

图5-55 竹港清风

（五）稼轩悠韵

以纪念辛弃疾的稼轩园为主体建筑，小桥流水，具有历史文化积淀的遐园、稼轩祠等隐现在湖光山色中（图 5-56 ）。

（六）超然致远

位于整个扩建区域的重心，西邻大明湖，东眺小东湖，主体建筑为复建的超然楼，这是大明湖景区的制高点和标志（图 5-57 ）。

（七）萦堤远水

语出曾巩《戏呈休文屯田》："绕郭青山叠寒玉，萦堤远水铺文练。"景区北部沿现状岸线走向设计长堤，为纪念齐州知州曾巩命名为曾堤（图 5-58、图 5-59），堤两侧密植垂柳，西侧是开敞通透的大湖面，东侧是曲折蜿蜒的小水溪，景观层次丰富，环境幽静。

（八）鸟啼绿阴

语出曾巩《西湖纳凉》："鱼戏一篙新浪满，鸟啼千步绿阴成。"景区东岸密植林木，以小东湖为主体，大量栽植水生植物，形成景区东向底景，隔离景区内外。岸边规划湿地岛屿。视野开阔，环境优雅，为市民和游客提供了一个亲近水面的自然生态环境，也给水生动物和鸟类留下了一片理想的栖息地（图 5-60 ）。

图5-56 稼轩悠韵

图5-57 超然致远

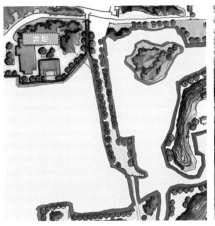

图5-58 萦堤远水平面图

图5-59 萦堤远水实景照片

图5-60 鸟啼绿荫面图

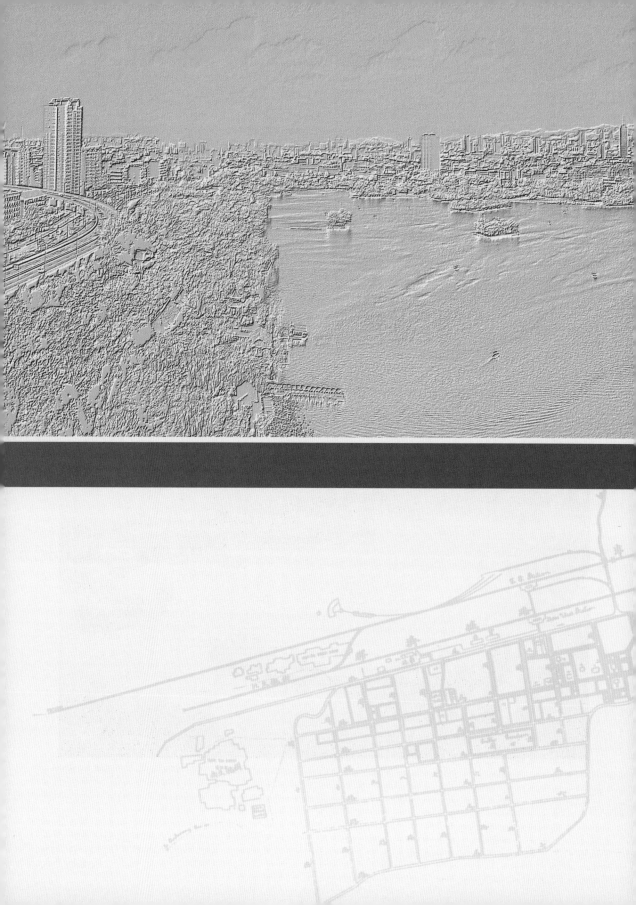

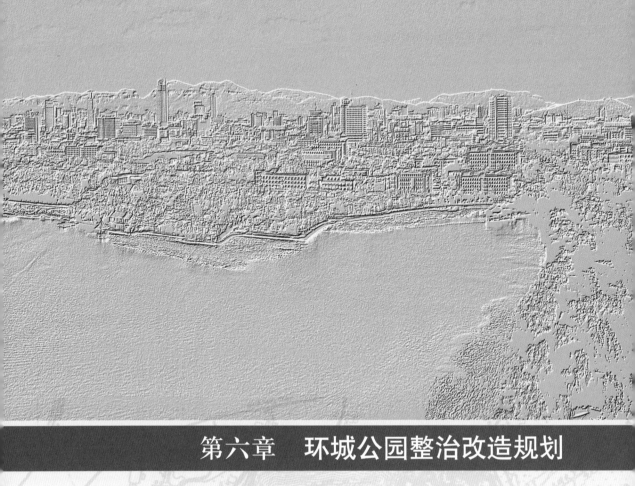

第六章　环城公园整治改造规划

第一节 护城河通航与改造

一、全线通航

实现护城河全线通航并与大明湖风景区形成整体环游路线。一期工程自琵琶桥至五龙潭公园东门，全长 2700 米，于 2007 年实现通航，受到广大市民及游客的好评。在一期通航的基础上，继五龙潭公园向北进入大明湖风景名胜区，经小东湖与东护城河贯通，解放阁（黑虎泉）经东护城河与小东湖贯通，于 2010 年 12 月实现了整个护城河与大明湖的全线通航（图 6-1）。这标志着一条全长 6.9 公里的围绕济南明府城的泉水游览景观带形成，济南居民近百年船游泉城的梦想得以实现。

全线通航后的护城河泉韵悠长，泉、河、湖形成有机整体，游客可乘船游览趵突泉公园、大明湖风景区、五龙潭公园、黑虎泉、解放阁、泉城广场等众多景区景观。护城河全线通航标志着独具泉城特色的泉水游览景观带全线贯通，对发挥泉水资源优势，展现城市独特魅力，提升省会城市形象起到重要作用，在济南城建和旅游发展史上具有划时代意义。

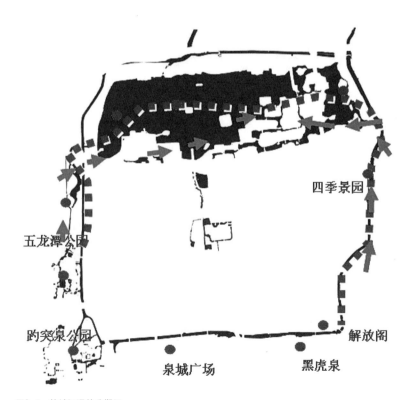

图6-1 护城河通航分期图

二、用地调整

护城河沿线由于乱搭乱建，占压河道，交通不畅，形成了许多景观死角，沿岸局部景观有待改善。

规划将五龙潭公园整体纳入环城公园，搬迁拆除凸入公园内的单位和陈旧建筑，增设游览景点，扩大用地面积14.07公顷，公园总用地面积可达到41.22公顷，拆除建筑面积11.43万平方米（图6-2），改造护城河游船航道，实现水上环城游（图6-3、图6-4）。

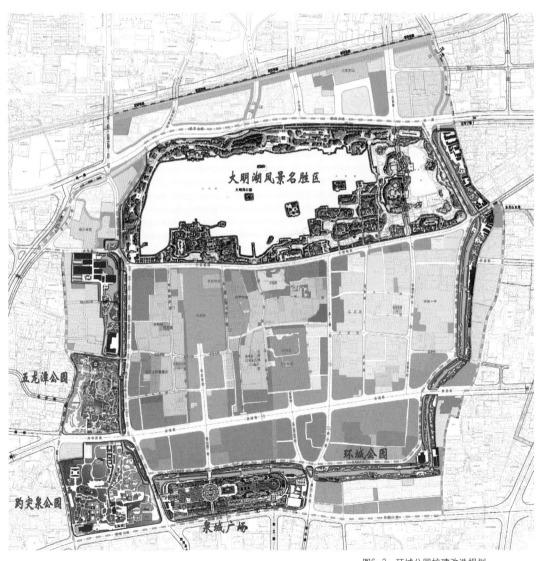

图6-2 环城公园扩建改造规划

图6-3 护城河中游　　　　图6-4 水上环城游

三、水位调整

由于地形高差，护城河水面形成了不同的水位高程。东护城河水位为25.15米，西护城河水位为24.95米，南护城河水位为26.5米，北护城河主体水位为23.30米。大明湖水位标高为23.92米。要实施大明湖与护城河的贯通行船，必须解决水位高差问题（图6-5）。

通过水闸将东、西护城河水位调整到23.92米，与大明湖一个水位高程，北护城河水位23.30米，南护城河26.50米。在西护城河铜元大厦南和东护城河兴华桥各设一处船闸（图6-6）。游船通过船闸，以水仓调节水位，将游船由一级水面变位为另一级水面（图6-7、图6-8、图6-9）。

图6-5 护城河现状水位关系图　　　　图6-6 规划水位标高示意图

图6-7　游船进大明湖入口

图6-8　五龙潭船闸效果图

图6-9　五龙潭船闸实景照片

规划设有船站13处（图6-10）：琵琶桥站（图6-11）、泉城广场站、趵突泉公园站、五龙潭公园站（图6-12）、大明湖风景名胜区西南门站（图6-13）、稼轩园、遐园站、沧浪园、北极阁、汇波楼—南丰园站、湖居岛站—秋柳岛站、历史街巷—小东湖、东门桥站。

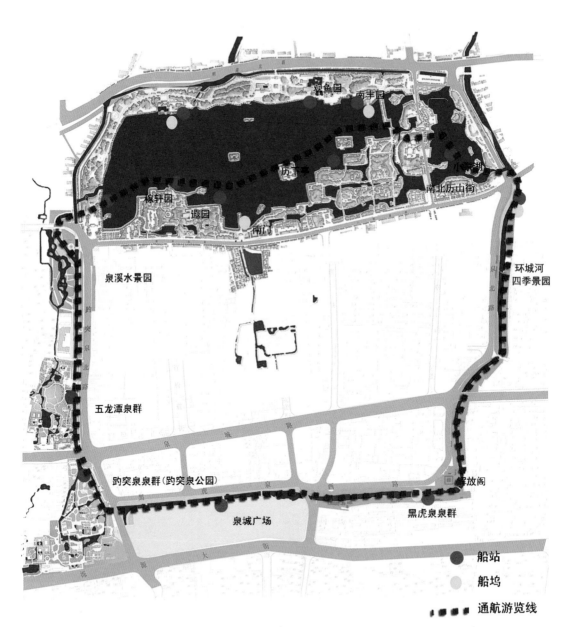

图6-10 护城河船站规划布局图

图6-11　琵琶桥站

图6-12　五龙潭站

图6-13　西南门站

四、步行游览与桥梁改造

环城公园全线交通桥及园桥共计14座桥，桥下步行游览路线通道未连通的有9座，步行游览系统不畅通。有7座桥的桥下空间在高度、宽度上不满足通航要求，大部分桥梁外形景观较差，与通航环境不协调，应结合护城河通航进行整体改造（图6-14）。

为了完善护城河滨河步行游览系统，近期整治规划通过多种工程做法，采用木栈道、石栈道或过水坡道连通桥两侧，达到东、南、西护城河两侧步行游览全部贯通。

满足通航需新建桥梁6处：五龙潭北桥、少年路桥、铜元局前街桥、黑虎泉北路桥、兴华桥、玛瑙泉东石板桥。

满足景观需改造桥梁7处：泺源桥（图6-15）、坤顺门桥（图6-16）、泉城广场西平桥改造（图6-17）、泉城广场平桥改造（图6-18）、南门桥（图6-19）、黑虎泉北桥（图6-20）、青龙桥（图6-21）。

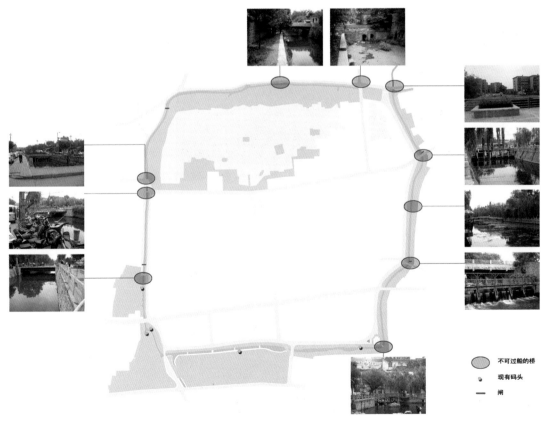

图6-14 护城河不可过船的桥

图6-15　泺源桥整治设计剖面图

图6-16　坤顺门桥整治设计剖面图

图6-17　泉城广场西平桥

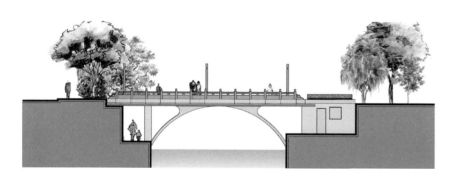

图6-18　泉城广场平桥

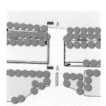

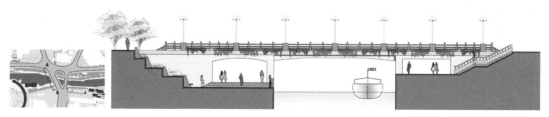

图6-19　南门桥整治设计剖面图

图6-20 黑虎泉北桥

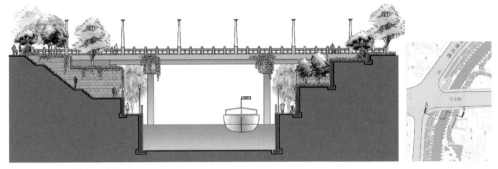

图6-21 青龙桥整治设计剖面图

为了满足通航及步行游览系统贯通需改造大明湖西南门桥、五龙潭公园北桥、西门桥桥下管线，改河道内直穿为下卧穿管。

五、灯光设计与照明

突出周边建筑轮廓线，结合河岸、桥梁、泉系、亭台、楼阁、树木和小品等灯光设计，强调灯光照明的整体性效果，使沿河建筑及绿化景观融入到整个护城河整体规划中去（图6-22、图 6-23 ）。

图6-22 九女泉亭夜景灯光效果　　图6-23 琵琶桥夜景灯光效果图

第二节　趵突泉公园扩建改造规划

　　趵突泉素有"天下第一泉"之美誉。趵突泉公园数经扩建与改造，成为以泉、石、植物为景观特点的三大名胜之一，用地面积 10.4 公顷（图 6-24 ～图 6-27）。规划将公园用地向西扩至饮虎池街，向北扩至共青团路，扩大用地面积 8.58 公顷，公园总用地面积可达到 18.98 公顷。拆除建筑面积 13.4 万平方米。将市级文保单位长春观纳入公园范围，改造公园南部的白龙湾泉池，拆除其西南侧建筑，展露泉池，使饮虎池、白龙湾与公园融为一体（图 6-28 ～图 6-30）。

图6-24　趵突泉公园现状影像图

图6-25 亭台错落

图6-26 五三堂

图6-27 绿柳轻荡

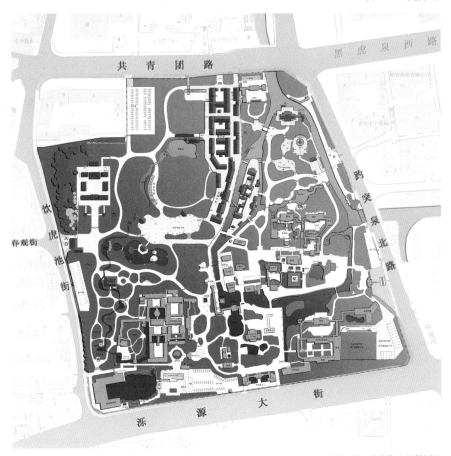

图6-28 趵突泉公园规划图

图6-29　亭榭探水　　　　　　　　　　图6-30　清溪潺潺

第三节　五龙潭公园扩建改造规划

　　五龙潭公园现状用地5.17公顷，包含五龙潭泉群中所有泉池，潭水深邃、清澈，在济南诸泉中别具一格，颇具特色（图6-31～图6-34）。

　　规划将五龙潭公园扩建，作为环城公园的一部分。公园用地西扩至筐市街、朝阳街，北扩至周公祠街，东扩至西护城河，扩大用地面积2.8公顷，公园总用地面积可达到7.97公顷。拆除建筑面积2.1万平方米，拆除文物总店，结合山东省委旧址重建党史馆；新建秦琼祠；将东门外的现跨河桥改造为公园东门专用，使五龙潭公园与环城公园融为一体；为解决交通问题，周公祠街向东跨护城河新建桥梁一座；远期拆除建行宿舍，扩大五龙潭公园1.3公顷用地（图6-35、图6-36）。

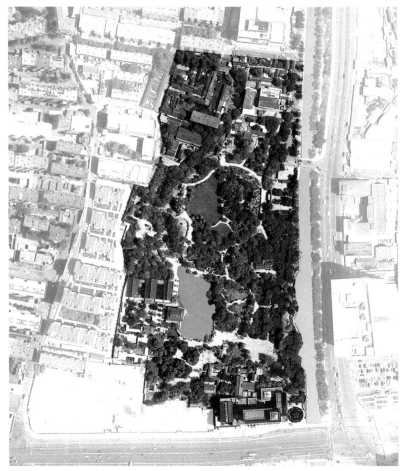

图6-31 五龙潭公园现状影像图

图6-32 五龙潭公园牌坊

图6-33 碧丝蘸波

图6-34 泉出石下

图6-35 五龙潭公园规划图

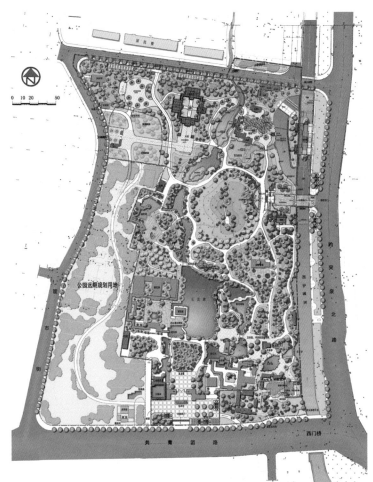

意象泉城——济南泉城特色标志区规划研究

图6-36 五龙潭公园东门规划效果图

参考文献

[1] 中华人民共和国城乡规划法 [M]. 北京：法律出版社，2008.

[2] 建设部. 城市规划编制办法 [M]. 北京：中国法制出版社，2006.

[3] 建设部. 城市规划编制办法实施细则 [S]，2006.

[4] 建设部. 历史文化名城保护规划规范 [S]，2005.

[5] 建设部. 历史文化名城名镇名村保护条例 [S]，2008.

[6] 建设部. 城市紫线管理办法 [S]，2004.

[7] 济南市人民代表大会常务委员会. 济南市名泉保护条例 [S]，2005.

[8] 济南市规划局. 济南市城市规划法律法规文件汇编（第一册）[Z]，2007.

[9] 吴良镛. 人居环境学导论 [M]. 北京：中国建筑工业出版社，2001.

[10] 马正林. 中国城市历史地理 [M]. 济南：山东教育出版社，1998.

[11] 杨秉德. 中国近代城市与建筑 [M]. 北京：中国建筑工业出版社，1993.

[12] 高凤胜，周长风. 济南历史文化概观 [M]. 济南：黄河出版社，2002.

[13] 孔宪雷. 泉城风景名胜 [M]. 香港：天马图书有限公司，2000.

[14] 山曼. 济南城市民俗 [M]. 济南：济南出版社，2001.

[15] 许评. 泉城风景线 [M]. 济南：济南出版社，2001.

[16] 张润武等编. 图说济南老建筑：近代卷 [M]. 济南：济南出版社，2001.

[17] 严薇青，严民. 济南琐话 [M]. 济南：济南出版社，1997.

[18] 张松. 历史城市保护学导论——文化遗产和历史环境保护的一种整体性方法 [M]. 上海：上
     海科学技术出版社，2001.

[19] 吴良镛. 借"名画"之余晖，点江山之异彩——济南"鹊华历史文化公园"刍议 [J]. 中
     国园林，2006（1）.

[20] 王新文. 从理念探索到规划实践——关于"泉城"可持续发展规划的研究与思考 [J]. 中国
     人口、资源与环境，2002，12（5）.

[21] 王新文. 关于城市形象的文化审视 [J]. 山东大学学报（哲学社会科学版），2003（4）.

[22] 张杰. 探求城市历史文化保护区的小规模整治与改造 [J]. 城市规划，1996（4）.

[23] 张杰，方益萍. 济南市芙蓉街曲水亭街地区保护整治规划研究 [J]. 城市规划汇刊，1998（2）.

[24] 张杰，邓翔宇，袁路平. 探索新的城市建筑类型，织补城市肌理——以济南古城为例 [J].
     城市规划，2004（12）.

[25] 阮仪三，顾晓伟. 对于我国历史街区保护实践模式的剖析 [J]. 同济大学学报（社会科学版），

2004, 15（5）.

[26] 王景慧. 城市历史文化遗产保护的政策与规划 [J]. 城市规划，2004（10）.

[27] 杨戍标. 杭州历史文化名城保护战略研究 [J]. 浙江大学学报（人文社会科学版），2004（7）.

[28] 宋启林. 独具特色的我国古代城市风水格局. 华中建筑，1997（2）.

[29] 刘元琦. 泉城特色的再塑——谈济南泉城广场. 建筑学报，2001（5）.

[30] 济南市规划设计研究院. 济南市城市总体规划（1996 — 2010）[Z]，2000.

[31] 济南市规划设计研究院. 济南市城市总体规划（2011 — 2020）[Z]，2012.

[32] 济南市规划设计研究院. 济南市历史文化名城保护规划 [Z]，1994.

[33] 济南市规划设计研究院. 济南市城市总体规划（1996 — 2010）版历史文化名城保护规划 [Z]，2000.

[34] 济南市规划设计研究院. 济南市城市总体规划（2006 — 2020）版历史文化名城保护规划 [Z]，2012.

[35] 中国城市规划设计研究院，济南市规划设计研究院. 济南市城市空间发展战略研究 [Z]，2003.

[36] 清华大学建筑学院，济南市规划设计研究院. 泉城特色风貌带规划 [Z]，2002.

[37] 北京清华城市规划设计研究院，同济大学建筑与城市规划学院，东南大学，济南市园林设计研究院，济南市规划设计研究院. 泉城特色标志区规划 [Z]，2007.

[38] 同济大学建筑与城市规划学院. 济南古城片区控制性规划 [Z]，2007.

[39] 山东省城乡规划设计研究院. 华山片区控制性规划 [Z]，2007.

[40] 济南市规划设计研究院. 济南南部山区保护与发展规划 [Z]，2008.

[41] 济南市规划设计研究院. 鹊山龙湖规划 [Z]，2006.

[42] 北京清华城市规划设计研究院. 芙蓉街—百花洲历史文化街区保护规划 [Z]，2008.

[43] 同济大学建筑与城市规划学院. 将军庙历史文化街区保护规划 [Z]，2008.

[44] 北京清华城市规划设计研究院. 曲水亭街区保护更新设计 [Z]，2008.

[45] 东南大学. 西更道地区规划研究 [Z]，2008.

[46] 北京清华城市规划设计研究院，济南市园林设计研究院. 大明湖风景名胜区扩建改造规划 [Z]，2008.

[47] 济南市园林设计研究院. 环城公园扩建改造规划 [Z]，2008.

[48] 济南市园林设计研究院. 趵突泉公园扩建改造规划 [Z]，2008.

[49] 济南市园林设计研究院. 五龙潭公园扩建改造规划 [Z]，2008.

后　记

　　"四面荷花三面柳，一城山色半城湖"。泉城特色标志区集中体现了济南"山、泉、湖、河、城"有机相融的城市要素和风貌格局，见证了这座有着2600年建城史的文化名城的历史沧桑。为科学保护和合理利用特色标志区域，同时加强与国内外同行的交流，王新文和姜连忠同志在一系列规划研究成果的基础上，主持编著此书并于2010年出版。本次再版对部分内容进行了充实和完善。

　　本书编著过程中得到了诸多同志的大力支持。徐其华、崔延涛同志在拟定书稿框架和撰写过程中提出了大量有价值的意见；国芳同志完成了整理统稿工作；于传国、王峰、张婷婷、王艳同志承担了素材梳理、图片整理工作及文字校对任务；方洪同志承担了部分图片的拍摄工作。同时，清华大学建筑学院、上海同济城市规划设计研究院、东南大学建筑研究所、浙江大学建筑设计研究院、南京大学建筑学院、天津大学建筑学院、山东意匠建筑设计有限公司、济南市园林设计研究院、济南市规划设计研究院等单位先后参加了不同区域、不同阶段的规划编研工作，为本书提供了丰富的素材。中国建筑工业出版社的编辑们为本书排版编辑付出了辛勤劳动。在此一并致谢。

　　由于水平有限，书中可能存在诸多不足之处，衷心希望各位同行和广大读者批评斧正！

丛书编委会